Hair extensions & Nefi Hair style

Special Hair

특수머리

이현진 · 하성현 · 김선혜 · 한민경
김대호 · 주지윤 · 진용미 · 정민화

메디시안

머리말

'예쁘다'라는 말은 생긴 모양이 아름다워 눈으로 보기에 좋다는 의미를 포함합니다. 자연 그대로의 모습은 그 나름의 매력이 있습니다. 하지만 미용분야의 경우 '손이 갈수록 예쁘다'라는 말에서 알 수 있듯이 다양한 기술을 연마한 전문 미용인의 손으로 가꿀 때 더욱 보기 좋게 됩니다.

이 책은 '특수머리'에 대한 체계적인 이론부터 실전기술 습득을 위한 실습까지로 구성하고 있습니다. 특수머리에 처음 입문하는 미용인에게는 사진과 설명으로 각 특수머리의 기술을 스스로 익히고 실습을 진행할 수 있게 돕습니다. 또 전문 미용인에게는 본인의 특수머리 기법을 스스로 점검하고 업그레이드 할 수 있는 테크닉 정보를 제공합니다.

이 책을 가까이 즐겨 본인만의 독특한 '특수머리' 테크닉 영역을 구축하고 새롭고 보기 좋은 헤어스타일 문화를 창조하기 바랍니다.

스스로 발전하고자 하는 미용인의 모든 배움에는 '도전과 성취'가 가득합니다. 기본에 충실하면서도 작품완성의 깊이가 남다른 대한민국 미용인들의 도전에 선하고 아름다운 성취가 가득하기를 기원합니다.

끝으로 초유의 코로나19 상황에서도 이 책이 완성될 수 있도록 열성적으로 참여하신 모든 교수님들, 끝까지 도움주시고 협조해주신 메디시언 임직원 여러분께 깊은 감사의 인사를 전합니다.

임인년 새 봄에

필자 일동

차례

Contents

PART II 특수머리 실기

Chapter 04 특수머리 전문가 되기

차례

Chapter 05 특수머리 실습

PART Ⅰ

특수머리 이론

1. 특수머리의 정의
2. 특수머리의 흐름
3. 특수머리의 역사와 배경

Chapter 1

특수머리의 정의

특수머리는 특수와 머리의 합성어라고 할 수 있다.

국어사전에서 특수는 '어떤 종류 전체에 걸치지 아니하고 부분에 한정되어 특별히 다름'이라는 의미를 가지고도 있으며 머리는 '사람이나 동물의 목 위의 부분으로 눈, 코, 입 따위가 있는 얼굴을 포함하며'라는 의미가 있다. 또한 특수머리는 '특별히 다름'이라는 의미도 있으며, 머리는 '머리에 난 털'을 의미한다.

이러한 두 단어를 합성하여 특수머리는 '특별히 다른 머리'를 갖고 있다고 할 수 있다. 특별히 다른 머리라는 의미에서 특수머리는 새로운 하나의 스타일로 불리게 되었다고 할 수 있다.

특수머리에는 붙임머리, 네피헤어, 드레드락, 콘로우와 같이 헤어를 사용하여 헤어스타일을 표현하는 방법도 있고 얀, 쥬얼리 등을 사용하여 특별한 헤어스타일을 표현하는 경우도 포함된다.

특수머리는 일반적인 헤어스타일과 구별되는 의미로도 사용돼서 일반적인 자리에서는 다소 어색하거나 조화되지 않는 것처럼 생각되기도 하지만 개인의 개성을 나타내거나 단점을 보완하고자 할 때 적절하게 사용된다면 사전적 의미에 부합하는 헤어스타일을 완성할 수 있다.

Chapter 2

특수머리의 흐름

특수머리는 고대 이집트에서 시작하여 인도의 힌두이즘과, 16세기 해적의 황금시대 등에서 브레이드와 드레드 헤어와 관련된 유적을 발견할 수 있었으며, 1900년의 아프리카아메리칸의 헤어스타일과 흑인 인권운동 등에 따른 하위 문화권에서도 이러한 특수머리들이 나타나기 시작했다. 이렇게 일부 계층에서만 헤어디자인을 하거나 헤어스타일로 나타나던 것들이 라스타파리아니즘을 추종했던 뮤지션에 의해 트레드 락이 대중에게 알려지게 되었고 이러한 뮤지션들의 활동이 힙합 레게 등의 음악과 함께 전 세계적으로 이들의 음악을 좋아하는 사람들이 헤어스타일을 하게 되면서 대중 속으로 특수계층만이 하던 헤어스타일이 들어오게 되었다.

특수머리의 역사는 지위와 종교적인 신념도 포함되지만, 민족적인 아프리카아프리칸이라는 특수인종을 지칭하는 사람들의 슬픔도 깊게 배어 왔다고 할 수 있다. 아프리카라는 지역적인 특성과 머리카락의 특수성에 의하여 콘로우라는 헤어스타일이 발전해 왔지만, 인종적으로 흑인의 경우에만 한정적으로 디자인되었던 헤어스타일이 백인종이나 황인종의 전 세계인이 공감하는 헤어스타일로서 자리를 잡고 있다.

BC3000년경	African (아프리칸 문화)
BC2500년경	Hinduism (힌두교)
1500년대	golden age of pirates(해적의 황금시대)
1600년대	Triangular trade(삼각무역)
1800년대	Rastafarianism (라스타파리아니즘)
1900년대	African–American (아프리칸 아메리칸)
1900년대	Sub culure (하위 문화)
2000년대	Main culture (대중문화)

특수머리 역사의 흐름도

Chapter 3 특수머리의 역사와 배경

1. 아프리칸 문화 African

아프리카 대륙의 동북부에 있는 이집트는 아프리카의 대표적인 고대문명을 발달시키면서 많은 문화유적지를 남겼다. 이집트의 문화를 형성하기 전에 이집트 민족은 기원전 1만 년 전부터 이 지역에 주거하였다고 한다. 기원전 1만 년 전에는 수렵과 어업에 종사하는 부족들로 형성되었던 문화가 기원전 1만 년 전부터는 농업을 주로 하는 정착된 부족으로 구성되었고 이들의 흔적은 나일 강과 오아시스의 하안단구 연구로 알 수 있다. 우리가 알고 있는 사막으로 구성된 시기는 기원전 6천 년 경으로 보고 있으며 이러한 지리적 조건에 의해 농업을 중심으로 하는 사회구성원들이 나일 강 주변에 정착하면서 중앙 집권을 기반으로 하는 사회구조가 형성되는 발판이 되었다.

이집트의 역사는 고대 이집트 기원전 3100~기원전 332년 그리스·로마 시대, 이슬람 시대, 근대 이집트, 현대 이집트 등으로 구분하고 다시 고대 이집트는 선사 시대, 고 왕조 시대, 중 왕조 시대, 신 왕조 시대, 말기 왕조 시대로 나눈다.

고대 이집트의 유적에서 발견된 벽화, 조각, 부조 등에서 특수머리의 역사의 유래를 발견할 수 있으며 대표 유적으로 남겨져 있는 무덤이 1800년대부터 발굴이 되면서 일반인들에게 공개되기 시작하였다.

1. 선사 시대 기원전 1만 년~기원전 3100년

아프리카지역은 빙하기에 사막이었으나 기온상승으로 인하여 풀과 작은 나무들이 자라는 사람이 살기에 적합한 기후를 형성하면서 수렵과 채집의 생활을 하다가 기원전 6

천년경에 기온의 하강으로 다시 사막화되어 농업 위주로 살던 사람들이 나일 강의 주변에서 생활하면서 부족이 형성되고 이러한 부족들이 왕국으로 발전하여 기원전 3100년에는 상, 하 이집트에 두 왕국이 형성되고 그 왕국에는 30여 개의 도시국가로 형성되어 발전된 것이 이집트의 선사 시대이다.

2. 고 왕조 시대 기원전 3100년~기원전 2040년

고 왕조 시대는 제1왕조부터 제1중간기라고 하는 제10왕조까지로서 기원전 3100년경에 나르메르 혹은 메네스가 이집트의 통일이 이루어진 때부터 기원전 2040년경까지 천년 간을 말한다.

제1, 2왕조의 메네스왕은 전갈 모양의 표식을 한 왕이라는 의미의 스콜피온 왕의 아들이라고 전해지며 이 시기의 왕은 절대적인 권위를 가진 사람인 동시에 신인 파라오로서 추앙했다. 제3왕조의 조세르 왕은 최초의 계단식 피라미드를 건설하였고 제4왕조의 쿠푸 왕은 피라미드와 스핑크스를 기원전 2550년에 지었다고 추측하고 있다. 기자에 세워진 대 피라미드는 그 동안 건축된 피라미드들보다 완벽하고 아름답게 건축되었으며 현재 남겨져 있는 피라미드 중에서 가장 큰 피라미드로서 이집트 파라오와 왕권의 최고 절정에 이른 시기였다.

피라미드 벽화에는 제5왕조의 제트 왕이 구리 확보를 위해 시나이 반도인 시리아, 누비아 등의 원정사업에 관련된 그림이 그려져 있으며 이 이후로 제6왕조가 폭력과 내전으로 왕권이 흔들렸는데 왕권의 장기화에 의한 후계 구도가 확실하지 않았던 것과 가뭄으로 비옥했던 토지에서의 농업이 어려워지는 등의 이유로 왕권이 약화 되었다.

3. 중 왕조 시대 기원전 2040년~1570년

중 왕조 시대는 제11왕조부터 제2중간기인 제17왕조까지로 분열되어 각 지방의 총독들이 지배하는 혼란한 시기에 고 왕조 시대가 무너지면서 멘투호텝 1세는 테베왕조로 독립하여 인테프 1세라 하였으며 파라오의 칭호를 사용하였다. 영토를 확장하였으며 인테프 3세의 아들 멘투호텝 2세에 이르러 이집트를 재통합하여 수도를 테베로 하였으며 제11왕조의 왕이 되었다. 멘투호텝 2세는 테베의 서쪽에 데르 엘 바하리에 장제전을 건설하였다.

멘투호텝 4세가 재상인 아메넴하트에게 왕위를 물려주면서 제12왕조가 시작되었고 아메넴하트 왕의 시대인 제12왕조는 고 왕조 시대의 왕이 신과 동일시되었다면 이 시대는 인간과 가까워진 시대라고 할 수 있으며 후계자를 미리 설정하여 공동통치를 한 시대하고 할 수 있다. 기원전 17세기경에 힉소스인에게 이집트가 정복되었지만 각 지역의 통치자는 이들과 공존하면서 아모세가 힉소스를 몰아내고 다시 이집트의 시대를 열었다.

4. 신 왕조 시대 기원전 1570년~기원전 525년

신 왕조 시대는 제18왕조부터 제3중간기인 제26왕조까지로서 아모세의 아들인 아멘호프1세는 이집트를 다시 통일한 토착세력으로 이집트의 부흥기를 가져왔지만 후계자가 없어서 투트모세 1세 장군이 제18왕조를 이어간다. 5대 파라오인 하트셉수트는 투트모세 1세의 딸이며, 이복동생인 투트모세 2세와 결혼한 후에 투트모세 2세의 사망 후 의붓아들이며 조카이기도 한 투트모세 3세의 후견인으로 있다가 직접 왕위에 오른 여성 파라오로서 역대 여성 파라오 중에 가장 오랜 기간을 재위하였다.

중 왕조 시대에는 왕들의 무덤을 피라미드로 만들었으나 도굴과 훼손의 우려 속에서 무덤의 형태가 변경되어가다가 장제전을 건축하기 시작했다. 데르 엘 바하리의 장제전은 하트셉수트 여왕, 멘투호텝 2세, 아몬과 하투로의 신전이 있었으나 모래에 묻혀 있다가 하트셉수트 여왕의 장제전만 남아 있다.

하트셉수트 여왕의 장제전에는 여왕의 생애를 기록한 부조들과 스핑크스가 있었으나 반대 세력에 의해 파괴되었고 이후 복원된 것들은 카이로 박물관 등에 보관되고 있다.

제19왕조는 아멘호프 4세가 왕위에 오르면서 자신의 이름을 아크나톤으로 바꾸고 지방 중심의 세력을 왕권으로 돌리기 위한 개혁을 시도하였으나 실패로 돌아갔고 그의 아들인 투탕카멘이 왕위를 계승하였으나 나이가 어리고 수명이 짧았다. 투탕카멘의 재위 기간은 짧았지만 많은 왕들의 무덤 중에서 투탕카멘의 무덤만이 손상 없이 발견되어 문화와 유적을 알 수 있게 되었다.

투탕카멘의 죽음으로 왕위 계승이 어려워졌고 총사령관에서 재상이 왕위를 이어 받던 중 람세스 1세가 왕위에 올랐고 세티 1세라 이름을 바꾸었으나 10년 후에 죽게 되고, 그 뒤를 이은 왕이 람세스 2세이다. 람세스 2세는 재위 기간이 길었고 아부심벨 신전, 룩소르 신전 등에 기념유적을 많이 남겼으며 그의 아내인 네페르타리를 위한 신전을 별도로 만들어 유적으로 남기기도 했다. 이집트의 왕조역사를 보면서 많은 왕조의 파라오들이 있었다는 것을 알 수 있다.

많은 왕조들 중에서 각 시대의 특징적으로 문화유산으로 남겨져 있고 벽화나 부조 등으로 그 시대의 생활이나 문화를 볼 수 있는 왕조에 대한 부분에 대해서 헤어스타일의 유래를 볼 수 있는 곳들이 많이 있었으며 이러한 유적들을 근거로 하여 다양한 서적, 영화, 예술에도 영향을 준 것을 찾을 수 있었으며 현 시대의 게임의 캐릭터로도 사용되고 있는 것을 볼 수 있다.

2. 힌두이즘 Hinduism

힌두이즘의 사전적 의미를 보면 힌두교로서 힌두Hindu는 힌두인 또는 인도인이라는 의미를 가지고 있으며 이즘ism은 이론이나 사상을 의미한다.

힌두교의 문명은 기원전 2500년경으로 추정하며 기원전 2000년경에 아리안족의 침입에 의해 브라만교와 인도의 민간토착 신앙과 결합하여 정착하게 되었으며 종교로서의 의미도 있지만, 카스트라는 제도에도 영향을 주어 복잡한 양상을 보였다.

힌두교는 브라만교의 신관과 신화를 포함하고 있어 다신교인 것처럼 보이지만 브라흐마·비슈누·시바를 삼신 일체로 보는 사상이 나타나고 있으며 비슈누와 시바를 숭배하는 사람들이 많은 부분을 차지하고 있다. 비슈누 파는 학문적 성격이 강하고 시바 파는 고행·주술 등의 제사에 중점을 두는 수행자에 무게를 두고 있다. 힌두교는 윤회를 믿으며 경건한 신앙생활을 하는 '사두'라고 하는 고행자를 대표적으로 들 수 있다.

특수머리의 역사에서 힌두이즘이 갖는 의미는 힌두이즘의 바탕에 있는 신화에서 찾을 수 있으며 시바 신의 모습 중에 시바의 헤어디자인이 드레드락을 하고 있는 것과 힌두교의 고행자인 사두Sadhu의 헤어스타일이 드레드락을 하고 있다는 것에서 관련성을 생각하게 한다.

1. 브라흐마 Brahma, 창조의 신

브라흐마는 세계를 창조한 신으로 4개의 머리와 4개의 팔로 표현되어 있다. 4개의 팔에는 물 주전자, 염주, 국자, 작은 국자경전를 들고 있으며 백조의 위에 앉아 있는 모습으로 그려지기도 하며 누런 피부색과 흰옷으로 표현되고 있다.

4개의 머리는 인도 최초의 성전인 레그베다, 야주르베다, 사마제다, 아타르바베다를 나타내며 베다는 자연과 우주 현상을 신격화하여 시로 찬양하고 제의 때 제사장들이 암송하였다고 한다.

4개의 팔은 카스트계급에서 나타나는 브라만, 크샤트리아, 바이샤, 수드라를 나타낸다고도 하며, 우주의 기원으로서의 원초적 인간이 푸루샤purusa의 입, 팔, 넓적다리 발등에서 창조되었다고 한다.

2. 비슈누 Vishnu, 유지의 신

세상을 유지하는 신으로 세상이 소멸하고 생성되는 동안 우주의 바다에서 잠들어 있는 모습으로 묘사되며 검은 피부색으로 묘사되고 여러 신들과 결합하는 복합적인 신으로 표현한다. 비슈누신은 물고기, 거북이, 멧돼지, 반인반사자, 난쟁이, 라마, 목동, 부처 등의 모습으로 정의가 사라지고 악이 넘칠 때 이들의 모습으로 나타나 선을 보호하고 세상이 유지될 수 있도록 한다.

3. 시바 Shiva, 파괴의 신

시바는 관대하고 경사스러움의 의미도 있지만 변덕스러우면서도 질투심이 많아 상반되는 성격을 갖추고 있는 신으로 파괴의 신이면서 출생과 환생을 관장하는 창조의 신이기도 하다.

윤회를 믿는 힌두교도에게는 다른 신 보다는 더욱 숭배하게 되었다. 시바의 모습은 잿빛으로 표현하고 머리카락은 타래를 틀어 뱀이 똬리를 튼 모양을 하고 있으며 초승달과 머리에서 물이 흐르는 것처럼 묘사하기도 한다. 눈과 눈 사이에 눈을 하나 더 그려주어 사물을 파괴하는 것을 상징하며 해골 목걸이와 목에 뱀을 걸치고 손에는 삼지창을 들고 있다. 시바는 난다라는 소를 타고 다니며 히말라야에서 명상과 고행을 했다고 하여 은둔생활을 하는 수행자인 사두의 표본으로 고행의 신이라고도 한다.

시바는 남성과 여성의 반반으로 이루어진 신이라고도 하며 숭배 받는 것을 즐거워한다. 시바는 사티, 파르바티, 두르가, 칼리 등의 다양한 이름으로 알려진 아내가 있지만, 그들은 모두 동일인으로 시바의 화신이라고도 한다.

4. 사두 Sadhu, 소환사

사두는 모든 종교의 수행자로서 특히 힌두교에서 수행하는 고행자를 말한다. 정신적인 수련과 육체적인 수련에 전념하기 위해 가정을 떠나 혼자 또는 작은 집단을 이루어 오두막이나 동굴에서 고행의 수련을 한다. 금욕과 청빈의 생활을 하여 신자들에게 구걸하여 음식을 해결하며 일반적으로 황색의 가사를 입는다. 머리는 삭발하는 경우도 있지만 자르지 않고 길러서 헝클어진 상태로 늘어뜨리거나 상투를 틀기도 한다.

3. 해적의 황금시대 Golden Age of Pirates

1. 해적의 역사

해적의 역사는 기원전 600년경으로 볼 수 있다. 사모스 섬에서 포루크라테스 왕이 해적으로 많은 부를 쌓았는데 이집트의 아푸메네스 2세에 의해 격파당해 살해되었다. 기원전 81년 지중해에는 로마에서 망명한 사람들이 해적으로 있었으나 토벌군에 의해 일망타진되었고 로마의 몰락과 함께 해상무역이 소강상태로 들어가자 해적도 함께 소멸하였다. 8~10세기에 노르만족의 이동과 함께 바이킹이 다시 해적으로 등장하여 유럽 각지와 영국해협 및 아메리카까지 위협했다. 12세기에는 슬라브족의 해적이 나타났으나 해상 무역의 안전과 상권 확장을 목적으로 결성된 한자동맹에 의해 섬멸되었으며 한자동맹의 소속원들이 다시 해적에 가담하였고 16세기 말에 스페인과 영국이 식민지 확보에 사략선을 이용하면서 해적 행위가 묵인되었다.

2. 해적의 황금시대

삼각무역은 세 군데의 지역 사이에 이루어지는 무역을 말하지만 15세기에 콜럼버스가 신대륙을 발견하면서 에스파냐와 포르투갈을 중심으로 유럽의 사람들이 이곳으로 건너와 새로운 나라를 건설하며 16세기 맥시코만 일대를 차지하였고 이곳을 라틴 아메리카라고 하였다. 영국의 사람들은 남부와 서부에 농업지대를 개척하여 앵글로 아메리카라고 불렀다.

아메리카로 진출한 유럽인들이 광산도 개발하고 사탕수수와 담배 등을 재배함에 따라 노동력이 필요해졌고 인도에서 향신료와 진주 등이 많다는 것을 생각해서 무역을 시작하였으나 이로 인한 해상전쟁은 피할 수가 없었다. 각국에서는 해군을 두고 있었으나 사략선을 이용한 해적도 발생시켰다.

이 시기의 사략선의 선장으로는 J.호킨스, F.드레이크, R.그램빌, 컴벌런드 백작 등이 활동했다. 사략이라는 것은 국가로부터 허가를 받아서 개인이 무장한 선박을 사용하여 노략질을 하는 것을 말하는데 해군력이 부족할 때 사략선으로 보충하기도 했다. 사략선은 실제 해적들이 하는 약탈을 했으며 오랜 기간 동안 많은 나라에서 활동했으며 시간이 지나면서 잘 훈련된 해군의 퇴역한 사람 중 일부와 사략을 했던 사람들이 해적선에 합류하면서 해적의 황금시대가 열렸다. 17세기 초에 유럽에는 평화가 오고 사략선에 대한 제재가 가해지자 해적 행위의 유지를 위해 아메리카 수역으로 이동하였다.

이러한 해적의 황금시대는 버커니어 시기, 해적항로 시기, 에스파냐 왕위 계승 이후 시기로 구분한다.

(1) 버커니어 시기 Buccaneer, 1650 ~ 1680년

사략선의 활동이 법으로 보호받지 못하자 직업을 잃은 영국 및 프랑스계 선원과 군인들이 카리브 해 일대에 정박하여 짐승을 잡아 생계를 이어가게 되었고 스페인에 박해를 받던 인디오들이 해적이 되면서 버커니어는 이들을 가리키는 명칭이 되었다. 이들은 자메이카와 토르투가를 중심으로 카리브 해와 에스파냐 식민지들을 공격했다. 버커니어 이면서 자메이카의 부 총독의 신분이 되어 해적을 진압한 것으로 유명한 H.모건, 검은 수염과 여자 해적으로 알려진 보니와 리드도 이 시기에 활동한 해적이다.

(2) 바르바리 시기 Barbary, 1600~1700년

북 아프리카의 베르베르인이 사는 지중해에서 활동하는 해적으로 버뮤다를 비롯한 카리브해에서 시작하여 인도양에 이르는 해안의 마을도 습격하여 약탈하거나 중동에 노예로 보낼 기독교 신자 출신의 노예를 생포하기도 했다. 최신식 항해술과 조선술을 바탕으로 태평양으로 활동 범위를 넓히고 무슬림과 동인도 회사를 공격하기도 하였으나 유럽의 국가들이 강력한 해군을 등장시켜 경쟁과 평화 관계를 형성하면서 바르바리의 해적 활동을 축소시켰다.

(3) 스페인 왕위 계승 이후 War of the Spanish Succession, 1716년~1726년

스페인은 기원전 200년경 로마에 점령당하면서 히스파니아로 불렸다. 415년경 로마는 쇠퇴기에 접어들었고 711년 아랍인과 베르베르인의 점령에 의해 이슬람 왕국의 통치를 781년간 받게 되었으며 기독교와 유대인에게 종교의 자유를 주면서 이슬람문화는 발전하였다. 그러나 이슬람 통치기간 동안 이슬람교도에 대한 국토회복운동인 레콘키스타를 벌였으며 13~15세기에 에스파냐 통일국가 건설 형태로 추진되었다.

합스부르크 가문 출신의 카를로스 2세가 죽은 뒤 왕위계승 문제로 전쟁에 동원되었던 군인들이 전쟁이 종식되면서 실업자가 되면서 해적으로 돌변하여 아메리카 동해안, 카리브 해, 아프리카 서해안의 대서양과 인도양 일대에서 활동했다.

유럽의 많은 국가에서 국내의 정세가 안정되면서 각 대륙의 특산물을 다른 대륙으로 이동하여 판매하는 해양무역이 활발해지고 새로운 대륙과의 교역을 통해서 이익을 얻고자 하면서 전쟁에 참전했던 해군의 수가 줄어들었고 사략선의 규제도 생기면서 해적의 시대는 대서양과 인도양을 넘나드는 광범위한 지역으로 퍼지게 되었다. 이러한 시대적 배경으로 하는 영화가 제작되고 그곳에서 특수머리의 브레이드와 드레드 헤어를 볼 수 있다.

4. 삼각무역 Triangular Trade

삼각무역의 시작은 유럽의 지리적 조건이 강수량이 적고 농작이 어려운 척박한 조건에서 상업이 발달한 포르투갈이 당시 향신료의 거래로 인한 중개무역에서 구하기 어려운 제품으로 변하면서 새로운 구매방법을 연구하던 중 항로를 개척하는 것에 눈을 돌리게 되면서 부터이다. 삼각무역은 지중해지역에 농작물 재배를 하는 대농장제도가 발생하고 그곳에서 노동력의 필요에 의하여 아프리카로부터 인력을 충원하면서 노예제도가 발달하게 되었다.

1. 노예제도

(1) 고대

신석기시대 다른 부족과의 전쟁에서 포로를 하층민으로 부린 것에서부터 시작되었다. 수렵 채집사회에서는 어려웠지만 농경사회로 들어간 시대부터는 노예제도가 시작되었고, 청동기시대와 철기시대에는 급격하게 노예가 필요로 했다. 최초로 노예에 대한 기록은 함무라비 법전에서 찾을 수 있고 성서에도 언급되어 있다. 또한 고대 문명의 대부분에서도 노예에 대해 볼 수 있으며 채무자, 범죄자, 전쟁포로, 노예의 자식 등 다양한 구성으로 볼 수 있으며 아테네 시대의 40%가 노예였다고 한다.

공화정 시대 로마의 노예는 인구의 25% 이상이었다고 하며 이들은 노동뿐만 아니라 오락의 목적으로도 사용되어지고 억압이 심해지면서 반란을 일으키기도 했다.

(2) 중세

중세시대에는 이슬람교와 기독교의 전쟁이 끊임없이 벌어지면서 전쟁의 포로들이 급격하게 발생하게 되었는데 15세기 가톨릭교회에서도 전쟁포로를 노예화하는 것을 합법화하였으나 아메리카의 원주민인 인디언을 노예화 하는 것에 대해서는 반대하였다.

대서양에서는 노예무역이 시작되었는데 1444년 포르투갈에서 아프리카 노예를 수입하여 판매하는 노예시장이 형성되었다. 에스파냐가 신세계인 아메리카를 개척하면서 원주민들을 주 노동력으로 사용하였는데 원주민의 질병으로 인해 노동력이 부족해지자 대서양 노예무역에 참여하게 되었고 1501년 처음으로 노예가 도착했다.

영국도 노예무역의 한 축을 차지하였는데 노예무역을 가능하게 한 삼각무역의 항로는 영국의 해적이면서 기사 작위를 받은 프랜시스 드레이크가 개척한 무역항로라고 할 수 있다. 초기의 아프리카 노예는 아프리카의 왕국들이 약탈원정으로 전쟁포로를 잡고 해안에 있는 상인들과 거래를 하여 아메리카로 실려 오게 되었으며 아메리카로 온 아프리카인들은 계약노동자로 대우를 받았다.

2. 삼각무역

15세기의 콜럼버스의 신대륙 발견으로 알려진 서인도제도에 유럽의 식민지가 건설되어 사탕수수와 담배 재배를 하는 플랜테이션 농업이 성행하였고 원주민인 인디언의 노동력을 이용하여 농산물을 생산하였으나 가혹한 노동과 질병으로 원주민이 견디지 못하자 흑인 노예로 대체하면서 노예에 대한 수요가 급증하였다.

서인도제도에서 생산된 설탕, 담배, 커피 등의 원재료들은 유럽으로 이동하고 유럽에서는 사들인 원재료들로 면직물, 럼주, 무기 등의 가공 공산품을 생산하여 아프리카 쪽으로 이동하여 판매하였는데 럼주와 노예를 교환할 수 있었다고 하며 노예를 사들여서 서인도제도에 판매하는 형식의 삼각무역을 하였다.

아프리카에서 노예가 된 사람들은 열악한 배의 환경 속에서 죽거나 자살하는 경우가 많이 발생했다. 처음에는 브라질, 쿠바, 자메이카, 히스파니올라 섬 등의 서인도제도로 이동하다가 차츰 북 아메리카에 플랜테이션 농업이 발달하면서 북 아메리카에 많은 노예가 이동하게 되었는데 이 시기의 300년 동안 1500만 명에 이르는 인원이 노예무역에 희생되었다.

지금까지 아프리카의 사람들이 아메리카로 이동하게 된 역사적 사건과 배경 등에 대해 알아보았다. 아프리카 원주민들의 헤어스타일과 아프리카 원주민이 해상무역에 의해 이동하면서 열악한 환경 속에서 그들의 머리를 관리할 수 없어서 생긴 머리 스타일로 상선에서 내리던 흑인들의 모습을 보며 드레드풀dreadful: 무서운, 몹시 불쾌한 이라고 하는 것에서 드레드 헤어의 어원을 볼 수 있다.

5. 라스타파리아니즘 Rastafarianism

성서의 해석을 다르게 하여 예수 그리스도를 흑인으로 생각하며 재림한 예수 그리스도를 에티오피아의 황제인 하일레 셀라시에 1세라고 생각하였다. 하일레 셀라시의 본명이 라 스타 파리 마콘넨으로 고대 악숨에서부터 내려오는 이야기를 생각하면서 재림한 그리스도로 섬기는 신앙 운동으로 흑인이 백인의 지배에서 벗어나고 아프리카로 돌아갈 것이라고 생각하는 신앙을 말한다.

악숨 왕국의 시조에서 에티오피아 황제로 이어진 신앙이 다시 자메이카로 이어지는 민족의 이동으로부터 오는 노예 생활이 힘든 흑인들의 희망이 담겨있는 사상이다.

1. 악숨 Aksum

고대 왕국인 악숨은 아프리카 사하라 사막 이남의 토착세력이 형성한 최초의 국가로 에티오피아 북부고원지대에 위치했다. 80% 이상이 고원지대이지만 열대지방에서는 사람이 살기에 가장 좋은 자연환경이고 동식물이 잘 자랐다.

기원전 9세기경에 시바의 여왕이 솔로몬 왕을 방문하여 아들 다비드를 잉태하여 낳았고 솔로몬의 아들 메넬리크 1세가 왕조를 열었다. 악숨은 해안과는 먼 거리에 위치하고 있음에도 철, 소금, 상아 등의 교역이 활발하게 이루어졌으며 이슬람 국가들에 의해 둘러싸여져 있지만 4세기경에는 기독교로 개종하였다. 6세기에 이슬람에게 영토를 빼앗겨 940년에 멸망하였다가 12세기에 솔로몬 왕의 후예가 솔로몬 왕조를 세움으로 에티오피아 제국이 시작되었으며 기독교 통치가 자리 잡았다.

2. 에티오피아 Ethiopia

16세기 초 에티오피아 왕권 강화의 권위주의적 통치에 귀족이 반발하였고 왕들의 나이가 어려 쇠퇴기를 맞이하게 되었다. 술탄 국이 침입하여 1543년까지 이슬람세력권에 있다가 포르투갈의 도움으로 국가를 회복하였으나 혼란의 시기로 들어갔다. 1889년 메넬리크 2세가 즉위하여 에티오피아의 근대화를 이루고 영토도 확장하였으나 이탈리아가 내전에 가담하였으며 프랑스의 도움을 받아 이탈리아를 격퇴하게 되었다. 1916년 메넬리크 2세의 딸이 에티오피아의 여왕으로 즉위하여 사촌인 라스 타파리 마콘넨의 도움으로 나라를 다스리게 되었다.

1916년 쿠데타에 의하여 라스 타파리 마콘넨은 실질적인 정권을 장악하게 되었고, 1차 세계대전 후 전쟁의 발생을 막기 위해 세우진 국제연맹에 가입하기도 했으며, 노예제도를 폐지하고 근대화 정책을 추진하였다.

1930년 자우디투가 에티오피아의 여왕은 라스 타파리 마콘넨에게 왕위를 넘겨주었는데 이때부터 라스 타파리 마콘넨은 하일레 셀라시에라는 칭호를 사용하였다. 자메이카에서는 라스타파리안 운동이 일어나고 하일레 셀라시에를 살아있는 신으로 모셨다.

이탈리아와 에티오피아 1차 전쟁에서 패한 이탈리아가 1936년 제2차 세계대전에서 에티오피아의 수도를 점령하여 식민지화 되었고 하일레 셀라시에는 영국으로 망명을 하였다. 1941년 에티오피아는 독립을 하였고 1955년에는 헌법을 개정하였으며 절대 권력을 장악하고 도로·학교 건설 등에 힘썼다.

3. 자메이카 Jamaica

기원전 4000년 남아메리카의 아라와고가 타이노 토착민이 정착하여 200여개 이상의 추장이 다스리는 부족으로 형성되었다. 1494년 콜럼버스의 신대륙 발견과 함께 스페인과 영국의 식민지가 되었으며 1700년대에 사탕수수가 생산물의 주요 부분을 차지하면서 노동자의 대부분은 아프리카의 노예로 구성되었고 노예 매매의 중심지가 되었다.

1800년대에 노예제도의 폐지로 대농장 제도가 폐지되면서 불만이 높아져 폭동이 일어났고 1962년 영국으로부터 독립하였다. 좌익의 정부가 성립되면서 대부분의 사업체가 국영화 되었고 현재 인구의 90% 이상이 아프리카 노예의 후예인 흑인과 몰라토가 차지하고 있다.

노예제도가 폐지되고 영국으로부터의 독립에 대한 기쁨을 킹스톤의 광장에서 춤과 노래를 부르며 즐겼다. 영국의 대중음악에 자메이카의 맨토와 카리브 해 지역의 칼립소 등의 리듬과 접목하여 새로운 장르로 발전하였다. 레게는 자메이카의 스카라는 음악의 한 장르와 록스테디에서 발전되었다고 하며 전자 오르간이나 전자 기타를 반복적으로 연주하면서 발생하는 음이 '레게, 레게'하는 것 같이 들리는 것에서 유래되었다고 한다. 대표적인 뮤지션으로 지미 클리프와 밥 말리를 들 수 있다.

4. 라스타파리아니즘 Rastafarianism

라스타파리아니즘은 1930년대에 자메이카에서 흑인들의 국민적 운동으로 시작되었고 흑인은 환생한 유대인이라고 생각하며 솔로몬과 시바 여왕의 자손인 마콘넨가의 자손인 라스 타 파리 마콘넨이 마지막 황제인 하일레 셀라시에가 예수로 현현했다고 믿었다. 하일레 셀라시에 황제의 본명인 라스 타 파리에서 라스타파리아니즘이라는 명칭이 유래되었다.

흑인들은 자메이카에서 노예제 폐지로 자유를 얻었지만 생활고는 계속 되었으며 하일레 셀라시에가 에티오피아에서 황제로 즉위한 것에 고무되었고 흑인해방운동에 앞장선 마커스 가비의 '아프리카 귀환운동'에 영향을 받아 고향인 아프리카로 귀환하기를 기대 했다. 1980년대 레게음악이 전 세계에 퍼지면서 라스타파리아니즘은 하나의 문화로 자리 잡았고 드레드락 헤어스타일과 빨강, 노랑, 초록의 바탕에 중앙에 위치한 대마잎의 형태를 표현하고 있다. 또한 백인문화를 거부하고 엄격한 윤리에 비중을 두고 있지만 마리화나를 흡연하는 행위는 평온함을 주는 신비한 체험으로 여긴다.

5. 밥 말리 Bob Marley

밥 말리는 1945년 흑인 어머니와 백인 아버지 사이에서 태어난 몰리토로서 가난한 농가의 아들로 태어났고 어머니가 아버지 사망 후에도 가난에서 벗어나지 못해 학교를 중퇴하고 킹스턴의 슬럼가인 트렌치타운에서 용접공으로 일하다가 뮤지션이 되었다. 어려운 처지에 있는 사람들에게 꿈과 희망을 주어야겠다는 생각으로 1962년 더 웨일러스 Wailers 라는 그룹 활동을 하면서 흥겨움을 주는 리듬의 음악을 발표하여 자메이카인들의 열렬한 반응을 받았으며 전 세계에 레게음악을 알리게 되었다. 기타리스트로서 영국을 대표하는 에릭 클립튼 Eric Clapton 이 레게음악을 대표가수인 밥 말리 Bob Marley 의 곡인 'I Shot the Sheriff 나는 보안관을 쐈어'를 불러서 널리 알려지게 되었고 'No Woman, No Cry 울지 마세요'는 밥 말리를 아티스트에 올려놓았다. 밥 말리의 공연들은 평화를 추구하고 전쟁을 배제하는 색채를 띠었으며 제도에 대한 저항이 강한 곡들로 급진적이고 정치적인 경향도 있었다. 그러나 밥 말리는 평화, 인도주의, 사랑을 레게로 표현하였고 1981년에 뇌종양으로 사망하였으며 1994년 로큰 롤 명예의 전당에 올라있다.

6. 아프리칸 아메리칸 African American

아메리카는 약 3만 년 전 넓은 초원과 비옥한 토지였던 고비사막이 기후변화로 척박해지자 몽골족이 시베리아로부터 아메리카로 이동해서 정착한 것을 원주민의 기원으로 보고 있으며 15세기에 콜럼버스가 인도인 줄 알고 정착하여 원주민을 인도사람들로 생각하여 인디오라고 불렀던 것에서 인디안 이라는 명칭이 생겼다. 신대륙 발견과 도착한 곳에는 사금이 널려 있었다. 신대륙을 발견한 스페인이 식민지화를 독점하자 포르투갈의 항의가 있게 되었고 1496년 교황이 이 땅을 유럽인에게 나누어주면서 아메리카 정복의 역사가 시작되었다.

영국은 종교개혁 등의 정세가 불안한 상태였으며 금은보화가 가득하다는 신대륙에 상인이나 군인이 관심을 갖게 되었다. 엘리자베스 여왕은 종교분쟁으로 발생한 난민을 신대륙으로 보내고자 하는 정책을 펴게 되었다. 1588년 스페인의 무적함대와 영국함대의 대 전투에서 영국이 대승을 거두면서 그동안 신대륙을 장악하고 있던 스페인의 눈치를 볼 필요가 없어짐에 따라 영국은 신대륙에서 여러 번의 식민지화에 노력하였으나 모두 실패하였다. 1606년 런던주식회사에서 제임스 국왕의 특허권을 받아 버지니아Virginia에 식민지를 건설하기 위해 빈민, 전과자, 부랑아 등으로 구성된 120명의 성인 남자가 영국을 출발하였으나 104명만이 제임스타운Jamestown에 도착했다. 기대했던 것처럼 금이 있거나 큰돈이 될 만한 것을 찾지 못하던 중 원주민이 재배하는 담배를 발견하고 원주민들에게 도움을 받아 담배를 재배하였고 크게 성공하여 후에 플랜테이션 농업으로 발전하였다.

자유와 평화를 찾아 신대륙으로 온 남부의 정착민들은 플랜테이션 농장을 운영하기 위해 초기에는 원주민, 가난뱅이, 범법자, 채무자, 납치되어온 아이들과 집시 등으로 노동력을 충족할 수 있었으나 원주민의 감소와 백인 노예의 공급이 중단되면서 흑인 노예의 수입을 생각하게 되었다.

최초로 신대륙에 온 흑인 노예는 네덜란드 범선에서 20명의 흑인들이 제임스타운에 도착한 것이다. 17세기 말에는 캐롤라이나Carolina 등의 남부에 백인의 수를 넘을 정도로 흑인 노예가 증가했다. 1662년 버지니아 법에서는 노예제도를 공식적으로 인정했으며, 식민지에서의 노예제도는 사회적 제도로 자리 잡았다.

영국 리버플Liverpool에서 럼주를 사서 아프리카Africa에 팔고 그 돈으로 아프리카Africa에서 노예를 사면 다시 아메리카America에 노예를 팔아 사탕수수, 목화, 담배 등의 원료를 사서 리버플Liverpool에 파는 형식의 삼각무역으로 규모가 발전하면서 항구는 큰 도시로 발전했다.

미국의 남부는 넓은 들판으로 농업이 주산업이 되고 담배, 쌀, 염료를 생산하여 수출하면서 대농 지주들은 점차 부유해졌으며 그에 비해 노동자들은 궁핍해지고 노예들의 생활은 더욱 어려워졌다. 영국은 17~18세기에 아메리카에 13개의 식민지 도시를 건설했고 급속도로 노예 인구가 늘어나게 되었다. 대단위 플랜테이션 농지의 노예들은 밭에서 일하였고 플랜테이션을 운영하는 대농장의 주인들은 20명 이상의 노예들을 소유할 수 있었다.

영국에서는 대외 무역에 대한 위협을 느끼면서 당밀법과 설탕법으로 서인도에서 유입되는 것에 대한 규제를 하였으나 잘 지켜지지 않았고 후에 미국 독립전쟁의 계기가 되기도 했다. 프랑스와 버지니아 식민지 간의 영토분쟁은 영국의 원정대 파병으로 버지니아의 승리로 돌아갔지만 영국의 식민지 간섭이 본격화되면서 전쟁으로 인한 피해에 대한 보상을 식민지에 요구했다. 식민지에서는 불합리함에 투쟁을 하게 되었는데 영국의 동인도 회사에서 수입하는 인도의 차에 관세를 면제한 것에 대해 분개하여 보스턴에 정박 중이던 배의 차 상자를 바다에 던져버림으로서 동인도 회사에 손해를 주었다. 영국은 바다에 버린 찻값을 배상할 때까지 보스턴 항구를 봉쇄하고 식민지인들의 서부 진출을 막았다. 이에 분개한 미국의 독립선언으로 전쟁이 시작되었고 미국은 전쟁에 승리하여 영국의 식민지에서 독립했다.

미국은 독립하여 1789년 통일된 국가로서 19세기 초 면화농장의 발달로 노예제도는 더욱 본격화 되었고 면화의 씨를 제거하는 면화기가 발명되었지만 손이 많이 가는 농사이다 보니 노예의 가격이 점점 올랐다. 그만큼 노예의 생활은 비참해져 갔고 1833년 노예 폐지 협회가 조직되고 노예 폐지 운동이 전개되었다. 노예제도는 남부와 북부의 골을 점점 깊게 했고 남부는 연방을 탈퇴했으며 내전이 발생하여 1861년 남부군이 북부군의 요새를 공격함으로서 남북전쟁이 시작되었다. 1863년 반란 주의 노예로 있던 모든 사람은 영원히 자유의 몸이 될 것을 에이브러햄 링컨이 선언함으로서 남부의 노예들은 도망 나와 북군의 의용군에 가담했다. 1863년 남부와 북부의 전쟁이 계속되어지고 남군은 북진을 계속하여 게티즈버그에서 북군과 만나 최후의 공방전을 펼쳤고 이후 2년 뒤에 남부 수도 리치먼드를 함락하여 북군이 승리를 했고 흑인 노예들은 자유인이 되었다.

흑인 노예들은 자유를 얻었지만 남부의 흑인은 백인이 사용하는 공간과 분리하거나 출입금지 등의 차별로 고통을 당하게 되었으며 1910년에서 1930년까지 아프리카계 미국인은 남부에서 북부로 100만 명 정도가 이동하였고 실력과 교육의 부족으로 노동자나 하인이 되어 더럽고 버려진 주택에서 살면서 흑인 빈민가를 구성하게 되었는데 이런 흑인 공동체는 게토black ghetto로 불려졌다.

20세기 초에는 뉴욕의 흑인지구인 할렘에서 흑인 예술문화가들이 주축이 되어 아메리칸 드림을 추구하며 낙관적인 분위기가 발생하였는데 이 시대의 최고작품인 '사탕수수'는 진 투머Jean Toomer가 표현함으로서 나타났다. 마커스 가비Marcus Garvey는 미국에는 '아무런 꿈도 실현할 수 없으니 아프리카로 돌아가야 한다.'고 반대의 주장을 펴기도 했다. 이외에도 미국 최고의 재즈음악가인 루이 암스트롱, 아카데미상을 수상한 해티 맥대니얼 등이 있다.

흑인 노예로 미국에 들어와 미국의 지도자 반열에 오른 경우는 1973년 디트로이트Detroit의 첫 흑인 시장인 콜먼 영을 시작으로 시카고Chicago 시장, 뉴욕New York 시장, 버지니아Virginia 주지사, 국무장관 등으로 활동을 했으며 버락 오바마Barack Hussein Obama가 최초의 미국 흑인 대통령이 되면서 아프리칸 아메리칸African American에 대한 인식을 새롭게 했다.

아프리칸 아메리칸African American은 유럽의 여러 국가에 의해 식민지화된 미국에 노예로 끌려와 여러 세대에 걸쳐 뿌리를 내린 아프리카의 흑인들로 미국에 자리 잡았으며 그들 특유의 스타일을 하고 있는데 아프로헤어Afro-hair, 드레드락스 dreadlocks, 콘로우Corn Rrow 등의 헤어스타일이 아프리카에서 전 세계로 알려지는데 일조를 하였다.

7. 하위문화와 반문화Subculture & Counter Culture

하위문화 또는 서브컬처subculture라고도 하며 전통적 또는 정통적 의미를 지닌 주류문화에 반대하는 개인, 소외된 그룹, 거리의 아이들, 동성애자 등의 독특한 행동 양식이나 가치관을 가지고 있는 문화를 의미한다.

전체문화는 대중문화와 민족문화 등을 들 수 있으며 하위문화는 지역문화, 세대문화, 반문화 등을 들 수 있는데 이 중에 세대문화는 청소년문화, 노인문화, 비행 청소년 등의 문화를 포함한다. 이러한 하위문화의 특징은 공유하는 사람들 간의 소속감을 강화시켜 주거나 자신들의 의견, 신념을 행동으로 표현하는 자유를 갖기도 하며 주류문화에서 채울 수 없는 요구를 해소하기도 하는데 이런 행동과 표현에서 문화의 창조와 변화를 가져오기도 한다.

하위문화는 사회의 일반적인 문화에 반대하고 새로운 문화에 적극적으로 도전하는 형태를 반문화counterculture라고 하는데 이 문화는 1960년대 미국의 히피 같은 하위문화를 대표적으로 볼 수 있다.

제2차 세계대전과 전후 하위문화는 사회체계의 갈등 속에서 노동력의 위치를 차지하던 청년들의 소비가 증가하고 이전 세대의 전통적 가치관 사이에서 갈등이 발생하면서 청년 노동자들의 활동 범위를 강제하는 지배문화에 대한 반항의 표현 형태로 일반 사람들과 다른 그들만의 스타일을 의상, 헤어스타일, 장식, 은어, 음악 등으로 표현함으로서 세상에 대한 저항과 그룹 안에 있는 사람들 간의 소속감을 높여 하위문화의 정체성을 나타낸다.

1. 주트 수트 Zoot suit

뉴욕의 할렘에서 흑인 중심으로 퍼져나갔으며 무릎까지 내려오는 재킷, 배 바지, 넓은 엉덩이 부분과 발목 부분이 좁아지는 형태, 화려한 색상과 무늬의 의상, 화려한 염색, 콩크 펌을 한 헤어스타일, 긴 시계 줄 등은 사치스러운 의상으로 인식되었다. 2차 대전으로 물자 통제정책인 주트 수트에 대한 규제가 있었으며 이에 저항이 이어져갔다. 소수의 집단이 소속원들에 대한 결속을 높이면서 아이콘으로 등장하여 하위문화의 시발점이 되었다.

2. 웨스턴 Western

미국에서 노동계급의 영웅이라고 할 수 있는 남부의 카우보이의 복장은 진 패션을 보편화 시켰다. 노동계급의 복장이라고 할 수 있는 진은 상위계급 문화의 하향 이동을 시켰으며 진, 부츠, 카우보이 모자, 수놓은 셔츠, 신발 끈, 헤어밴드, 깃털 장식 등의 특징으로 표현했다.

3. 캐리비안 Caribbean

카리브 해 지역 원주민의 문화에서 파생된 고유의 스타일로서 습하고 더운 날씨에 적합한 면과 바나나 섬유로 만든 전통의상을 할렘의 음악가들이 주트 수트를 입고 들어

오면서 화려하게 수정하여 하나의 문화로 발전되었다. 과장되게 표현하고 화려한 색을 사용하여 아메리칸 드림을 성취하고자 하였으며 머리장식을 사용하여 사회적 지위를 보여주기도 하고 격자무늬 천으로 머리끈을 했다.

4. 바이커 Biker

바이커는 2차 대전 후 전쟁에서 돌아온 군인들이 일상에 적응하지 못하고 모터사이클을 저항의 수단으로 삼았으며 노동계급의 의상을 거부함으로 사회적 인습에서 벗어나고자 했다. 바이커는 검은 가죽재킷, 청바지, 티셔츠, 부츠로 표현했다.

5. 힙스터 Hipster

1940년대 소수의 음악인들로 혁명가의 기질을 가진 사람들을 말하며 실험적이고 혁신적인 음악인 비밥을 만들고 새로운 하위문화를 만들었다. 노력하지 않은 멋을 추구하며 머리카락은 다듬지 않고 수염도 깍지 않으며, 늘어진 상의와 딱 붙은 하의를 입고 뿔테안경을 끼는 것으로 표현하였고 바른 생활양식을 거부하여 씻지 않은 것 같은 모습과 문신을 하고 친환경 제품을 사용하는 것이 특징이다.

6. 비트닉 Beatnik

1950년대 재즈를 사랑하는 젊은 보해미안들을 말한다. 당시 사회에 대한 허무주의가 만연하여 행동이 공허하며 사회적인 변화에 적응이 어려워 실존주의적 가치가 강하며 낭만적이고 무정부적 전망을 가졌으며 중산층이나 출세에 적대적이었다. 구겨진 셔츠와 카키색 바지 차림을 하였고 검은색을 주로 입거나 아이라이너로 장식을 했다. 이러한 모습은 당시에 예의를 벗어난 모습이었다.

7. 테디보이 Teddy boy

1950년대 런던의 10대들 사이에서 시작되었는데 테디보이의 열풍은 영국 전체에 미국의 로큰 롤 음악과 함께 퍼져 나갔다. 하류층의 청소년들은 고등학교를 졸업하고 산업 활동에 종사하였고 10대들의 임금이 성인 임금의 두 배로 증가하여 소비할 돈의 여

유를 갖게 되었다. 상류층에 대한 열망의 표현으로 에드워드 7세 시기에 입었던 고급 맞춤복 스타일을 추구하였고 주트 스타일과 카우보이의 스타일로 변형하여 넥타이 대신 부츠끈을 사용하거나 벨벳으로 장식된 칼라의 재킷을 입고 헤어스프레이를 사용하여 옆머리는 빗어 넘기고 앞머리는 세운 헤어스타일로 테디보이를 표현하였다.

8. 모더니스트 Modernist

1950년대 모던 재즈에서 시작하여 재즈가 백인화 되는 것에 대항하여 도시적 생활에서 벗어나고자 하는 행동으로 변화하였다. 집단을 형성하지는 않고 취향과 비슷한 옷을 입을 사람을 인정하는 정도였고 스타일은 미니멀하고 진보적이며 현대적인 느낌이 강하다.

9. 포크 Folky

1950년대 포크 음악에 근거를 둔다. 도시 생활보다는 시골의 전원풍경을 꿈꾸었고 자연스러운 모습의 바지와 재킷을 입고 꽃무늬의 스커트나 블라우스를 입으며 맨발에 샌들을 신는 것을 즐겼으며 히피 스타일로 발전했다.

10. 로커빌리 Rockabilly

1950년대 중반 흑인음악과 컨트리 음악을 혼합한 형태로 미국 남부에서 발전했으며 엘비스 프레슬리가 중심 인물이라고 할 수 있다. 이들의 주 구성층은 화이트니그로로서 2차 세계대전 후 도시로 이동하면서 젊은 연령층의 베이비부머들이 혁명적인 음악적 구성과 함께 등장했다. 낡은 노동복 보다는 흰색과 파스텔 톤을 선호하였고 자수와 장식도 착용했으며 헤어스타일은 위로 빗어 옆으로 붙인 스타일을 했다.

11. 톤업 보이 Ton-up Boy

1950년대 영국에서 모터사이클을 좋아하는 젊은층에서 속도를 100을 초과하는 것이 비공식적인 규칙으로 이들의 관심은 스포츠에 있었다. 검은 재킷, 청바지, 부츠, 흰 양말 등이 대표적인 표현이었다.

12. 서퍼 Surfer

1950년대 미국의 상층노동자의 남성 중심적 문화로 시작되었으며 파도타기를 하는 사람들로부터 발생한 문화로 서프surf를 즐기며 여가를 위해 소비를 하는 스포츠를 삶의 방식으로 표현하였다.

하와이안 셔츠와 반바지를 즐겨 입었고 태운 피부와 염색한 머리, 짧은 곱슬머리를 하였으며 자연과 조화롭게 사는 방식을 추구했다.

13. 모드 Mod

1960년대 테디 보이의 영향을 받은 노동자 계급에서 발생하였으며 낮은 신분의 보상을 멋진 옷과 밤거리를 배회하는 등의 소비문화로 대신했으며 젊은층의 우상으로 비틀즈가 있었으며 비틀즈 따라 하기가 유행했다. 남성문화로 시작해서 유니섹스의 형태로 발전했다.

14. 로커 Rocker

1960년대 미국의 바이커에 영향을 받아 영국에서 발생한 하위문화로 메탈징과 검은 재킷에 손으로 '59 Club'과 'Triumph' 등의 글씨를 쓴 옷을 입었는데 긁힌 가죽, 더러운 진 등이 대표적인 표현 형식이었다. 로커는 자유를 가장 중요한 가치로 두었으며 금속줄과 라벨을 옷에 사용하여 자신들을 표현하였다.

15. 루드 보이 Rude Boy

1960년대 백인 중심의 사회에서 벗어난 자메이카 출신들이 권위에 대한 경멸의 의미로 라스타파리안에게 동조하여 레게를 추구하였으며 영국의 킹스턴에서 짧은 바지에 하얀 양말을 신고 검은 로퍼를 신어 대비되어 전혀 어울리지 않지만 독특한 모습으로 자리 잡았다. 이러한 모습을 백인 청소년들이 모방함으로 인종의 조화를 이루어내는데 기여했다.

16. 사이키데릭 Psychedelic

1960년대 중반 언더그라운드underground를 중심으로 발생하였고 LSD라는 환각제를 둘러싼 반문화의 충격적인 모습으로 나타났으며 대비되는 색상의 충돌과 장식의 번쩍임을 즐겼으며 긴 머리와 얼굴에 패턴으로 칠을 하는 등의 불협화음 속에서 혁신적인 모습을 찾으려고 했다.

17. 히피 Hippy

1966년에 베트남 전쟁과 흑인폭동사건 등의 불안한 사회에 대한 분노와 절망에서 청년층은 평화와 자연으로 돌아가고자 하는 생각을 갖게 되었고 샌프란시스코를 중심으로 전통적 개념에 도전하여 유복한 가정에서 태어났지만 기성세대에 대항하는 표현으로 마리화나, 약물사용, 채식주의 등을 추구하면서 사회집단을 중요시하기보다는 개인의 자아를 중요시하고 주관적인 가치에 기준을 두고 있다. 평화와 사랑의 상징으로 꽃다발을 들고 있고 신체나 사회적 억압으로부터 자유로움을 추구하는 목적을 가지고 있다.

18. 그리저 Greaser

1960년대 말 영국의 바이커들이 중심이 되어 자유와 평화운동과는 반대의 입장인 악마를 추종하는 집단으로 형성되었다. 소매를 없앤 가죽 재킷을 입고 체인과 배지로 화려한 장식을 하였고 청바지는 기름에 찌들고 반들거리는 옷에 장발을 하였으며 군인 철모를 쓰고 있어서 나치의 모습을 연상할 수 있었다.

19. 스킨헤드 Skinhead

1960년대 노동계급의 청년들에게서 시작되었으며 자메이카와 영국의 노동자가 중심이 되어 형성되었다. 무거운 군화와 완전히 밀어버린 머리 스타일, 멜빵바지 등으로 표현하였다. 공격적이며 노동자 정체성을 찾아 과거의 노동계급을 찾고자 하였으며 소외감에서 벗어나고자 하여 유대를 강조하고자 하였고 아웃사이더적인 성향이 있다.

20. 휭크 Funk

1970년대 흑인의 빈민굴에서 시작되었으며 아프리칸 아메리칸들이 음악이나 음식까지의 모든 문화를 의미한다. 부정적인 의미로 세속적이고 조잡한 음악을 지칭하기도 하였으며 빈민가에서 매춘과 포주 등의 비교적 성공한 사람들이 과시하고자 하는 형태로 거대한 장신구와 반짝이는 무대화장, 아프로 스타일의 머리 등으로 자유롭게 장식을 하였다.

21. 글램 Glam

1970년대 영국에서 시작되었으며 글래머러스glamorous에서 유래되었는데 매혹적인 의미를 가지고 있다. 동성애적인 뮤지션들이 몸에 밀착되는 실루엣의 선정적인 모습을 표현하여 특이한 염색 머리와 화려한 의상, 높은 하이힐 등으로 퇴폐적인 남성을 나타냈으며 개인적인 주체성을 표현했다. 영국의 부르주아화의 일부로 이들을 추종하는 사람들은 맹목적으로 모방을 했다.

22. 라스타파리안 Rastafarian

라스타파리아니즘 운동을 함께하는 자메이카의 킹스턴에서 시작하여 서인도제도 출신의 청소년들 사이에서 확산되었다. 마커스 가비Marcus Garvey의 예언인 하일레 셀라시에가 신이라고 믿었으며 에티오피아의 고대문명을 동경하여 평화, 개인존중, 자연과 조화를 강조하였다. 노예로 오랜 시간을 살던 흑인들이 아프리카로의 귀환을 꿈꾸었으며 에티오피아의 국기인 빨강, 노랑, 초록색으로 배색된 형태의 옷과 모자 등을 착용하고 드레드락의 머리 스타일을 했다.

23. 헤드뱅어 Headbanger

해비 메탈에서 머리를 돌리는 사람들을 말하는데 1960년대 중류계층의 사람들이 주로 형성하였고 약물중독과 주술적 의미를 담고 있어서 무절제함이 최악이라는 평을 받고 있으며 자기도취와 성차별주의가 심하였다. 하위문화로 자리를 잡으면서 여성 차별적인 행동과 악마 숭배에 대한 암시 등으로 노골적이고 퇴폐적이라는 비난을 받았다.

낡고 찢어진 티셔츠, 청바지, 배지를 붙인 가죽 재킷이 특징이고 푸들 헤어컷을 하며 금속장식물을 사용했다.

24. 스케이터 Skater

1970년대 스케이트보드를 타는 청소년에 의해 유행하기 시작하였고 황량한 곳에서 콘크리트 조각으로 구조를 만들어 보드를 타면서 아웃사이드로 여겨졌으며 공공장소에서 보드를 타는 것이 금지되어 벌금을 내기도 했다. 싸구려 옷, 큰 셔츠, 흑인 의류, 염색, 커트 머리 등을 했다.

25. 펑크 Punk

1970년대 후반 영국의 실업률이 높아지고 경기가 침체하면서 미래가 없다는 허무주의적인 생각을 가진 하위문화로 스스로 스타일을 만들었으며 히피와 반대되는 자연으로 돌아가기보다는 환각제, 검정 가죽재킷 등의 인공적인 것을 추구했다. 나치의 휘장을 배경으로 시작하여 머리는 삭발하거나 원색으로 염색을 했으며 딱 붙는 바지, 찢어진 티셔츠, 속이 비치는 옷, 뾰족한 헤어 등으로 표현하면서 히피와 같이 보이면 안 된다는 불문율을 가지고 있었다.

26. 뉴 로맨틱 New Romantic

1970년대 후반 펑크와 글램의 복합적인 효소를 포함한 과장된 옷, 우아함, 아름다운 장신구 등을 추구하며 세련됨을 갖추었지만 안티 펑크이고 우아함과 상향 치장을 하는 독특한 문화를 형성했다.

영국의 빌츠Biltz라는 클럽에서 특이한 복장을 한 사람들의 패션쇼가 있었는데 가장 무도회와 같은 효과를 주었다고 한다. 가수 보이 조지Boy George의 여성적인 스타일과 화장이 화제가 되어 패션계에 영향을 주기도 했다.

27. 고스 Goth

1980년대 영국의 뱃케이브라는 클럽에서 발생하였으며 고혹적이며 퇴폐적인 분위가 표현되며 주로 검은색의 의상과 메탈의 차가운 액세서리 또는 가죽 악세사리를 착용하고 스모키 한 메이크업과 짙은 검정색의 헤어를 특징으로 하고 있다.

28. 캐주얼 Casual

1980년대 영국 축구 팬들이 입는 의상에서 시작되었다. 축구장에서 특정 팀을 응원하는 충성스러운 젊은층에서 의상을 잘 차려 입으면서 라코스테나 버버리 등의 유명 브랜드의 의상을 주로 착용하면서 명칭이 유래되었다.

29. 사이코빌리 Psychovilliy

1980년대 미국의 로코빌리와 영국의 펑크의 복합이라고 할 수 있는 로큰 롤을 추종하며 광란적이고 파괴적인 부분을 초현실주의로 변화시켰다. 앞 이마에 머리는 붙이고 티셔츠에는 핵전쟁으로 발생한 그림을 그렸으며 가죽재킷과 청바지 차림으로 문신을 특징으로 하고 너무 극단적으로 보여 대중화하기가 어려웠다.

30. 페티시 Fetish

주술용품이나 부적을 의미하는 단어에서 파생된 단어로서 신체의 성적 힘과 겨룰 수 있는 힘을 말하며 개인에 따라 다르지만 꼭 끼는 코르셋, 스타킹, 뾰족한 굽 등을 대상으로 생각하기도 하며 아방가르드 패션에서 퍼브스라는 단어로 표현되기도 하는데 세계적인 하위문화로 자리 잡았다.

31. 비-보이 B-Boy

1980년대 후반 랩과 힙합을 생각나게 하는 도시의 젊은 사람이나 아프리칸아메리칸에게 주어진 이름으로 음악이 연주될 때 브레이크댄스를 하는 사람을 말한다. 새로 생겨난 랩뮤직이 방송되지 않은 상태에서도 이들에 의해 유행되었다. 스핀을 할 때 안전한 모자 운동복 등을 브랜드로 착용하였고 아디다스나 필라 등이 선호되었다.

32. 라가머핀 Ragamuffin

1980년대 중반 나타났으며 레게의 하위 장르로서 자메이카에서 발생하였으고 컴퓨터나 샘플러를 이용하여 전통적인 악기연주에서 벗어난 방식을 말한다. 레게를 경멸적으로 표현하는 것으로 자메이카의 비행 청소년들의 댄스홀에서 세계로 퍼졌다.

33. 뉴에이지 트래블러 New Age Traveller

1980년에 영국에서 시작하여 뉴 에이지라고도 불렸으며 여행을 하면서 떠도는 사람들을 말하며 히피들의 방랑성과 펑크의 모히칸스타일 등이 합쳐졌다. 민속적 의상과 긴 머리에 염색과 구술 등으로 장식했으며 주류문화에 포함되어 환경 친화적이거나 그린피스 운동에 참여하기도 했다.

34. 레이버 Raver

1980년대 후반 스페인의 이비자Ibizs섬에서 시작되었는데 게으른 부자들, 범죄자, 배우 등이 사회와 동떨어진 곳에서 자유 분망한 정신과 평화, 사랑을 주제로 틀에 박히지 않은 댄스문화를 만들었다. 스마일이 그려진 티셔츠, 홀치기염색 등을 하고 불법 장소에서 밤새 춤을 추고 놀았으므로 도덕적 공황이 발생했다.

35. 그런지 Grunge

1980년대 후반 엘리트주의와 정통 하이패션에 반발하는 백인, 중산계층, X세대의 정체성을 찾고자 했으며 더럽고 지저분한 느낌을 주는 스타일을 하고 있는데 이러한 표현은 자유 분망함을 상징했다. 여성 록 음악인들이 라이오트 걸riot girl style로 나타나면서 남성의 전유물로만 여겨졌던 록을 함으로서 관습적인 인식에서 벗어나 남성의 시선에 개의치 않고 자신을 표현하였다.

군화와 문신, 피어싱 등으로 표현하였으며 하위문화에서 유일하게 볼 수 있는 여성의 하위문화로 알려졌다.

하위문화는 주류문화와 반대되는 여러 문화를 말하며 이러한 문화 속에는 평범함보다는 다른 사람과 다르게 자신을 표현하고자 하는 의지가 많이 담겨있으며 이러한 하위문화 속에서 특수머리 분야는 발전되고 이어져왔다.

8. 대중문화 Mass Culture

대중문화는 대중이 형성하는 문화를 의미하며 사회적 제도와 정신적인 영향을 받아 인간이 만든 것을 뜻한다. 사회적 배경과 시대적 배경의 영향을 받아 형성된 전혀 새로운 문화 형태로서 가치관이나 행동양식까지를 규제하는 것으로 기계 문명에서 예술·종교·학문적 이론 등 사회 전반의 생활양식을 대중문화라고 할 수 있으며, 자연발생적이지 않은 인간이 만들어 가는 문화가 포함될 수 있다.

대중문화는 '파퓰러 컬처', '매스 컬처' 등으로 불린다. 다양하게 불리는 대중문화에서 '컬처'는 문화에 해당하지만 '파퓰러popular'는 '일반적인, 대중적인'의 뜻을 가지고 있으며, '매스mass는 '덩어리, 대규모의 대중적인"의 뜻을 갖고 있다. 파퓰러 컬처나 매스 컬처를 모두 대중문화로 번역하여 사용할 수 있지만 매스 컬처를 덩어리의 의미와 같이 불특정 다수에 의해 형성된 문화 산물들을 이야기한다면, 파퓰러 컬처는 매스 컬처에서 무차별적으로 발생된 문화에서 일반적으로 대중적으로 함께 하는 문화를 말한다고 볼 수 있다.

대중문화는 크게 '대중문화의 생산과정', '대중문화 자체', 그리고 '대중문화의 수용과정' 등의 3가지로 정의할 수 있으며 '대중문화의 생산과정은 영화, 드라마, 대중음악 등 보통 대중 매체와 문화산업에서 이루어진다. 이렇게 문화가 형성되면 대중의 일상에서 활용되면서 대중의 취향과 수용방식에 따른 문화의 선택과 자본이나 권력의 영향을 받거나 문화시장의 활성화에 따라 대중문화에 영향을 미친다.

대중문화는 미디어 산업인 대중음악, 영화, 방송 등에 의해 생산되고 상품으로 제공되는 산물로서 부가가치는 높지만 미디어산업 시장에 대한 선호도 예측이 어렵다. 이러한 시장의 불확실성에 대한 단점을 줄이기 위한 전략이 필요하다. 대중문화는 일상생활 속에서 일상적이며 특별하거나 낯설지 않은 여러 가지 요소로 이루어진다. 음악을 들으면서 식사를 하거나 TV를 시청하는 행동들이 무의식적으로 대중문화를 이루고 있으며 일반인들의 취향과 행동 양식에 영향을 미치기도 한다.

대중문화가 사회적으로 영향을 미치는 것도 대중문화에 담겨있는 일상성 때문이며 이러한 문화들이 일반적으로 우리와 가까이에서 일어나는 현상이므로 대중문화가 미치는 영향에 대하여 알기가 쉽지 않다. 대중문화를 정체성의 표현 공간으로 수용하고 표현하는 행위를 통해 사람들의 사상과 문화가 표현된다.

대중문화에서 표현되는 정체성은 지역, 인종, 성별, 세대 등의 다양한 요소로 구성될 수 있으며 다양한 모임과 집단들의 정체성을 구분하고 융합하는 장소가 된다. 1950년대 유럽과 미국 등의 사회에서 세대 간의 정체성에 따른 갈등이 로큰 롤 음악을 둘러싸고 크게 부각되었다. 전후 미국의 10대들 사이에서는 이전의 흑인음악이 블루스에서 새로운 음악을 기다리던 중 리듬 앤 블루스에서 발전한 로큰 롤을 만나게 되고 비행 청소년 등이 이에 열광하게 되었으며 이것은 기성세대와의 큰 갈등을 가져오게 되었다. 하위문화의 범주에서 정체성의 갈등을 일으키고 지역사회나 계층간에서 문화를 공고히 하여 일반인에게 대중문화로 자리 잡기도 한다.

'문화'의 테두리를 좁혀 대중문화라는 범위로 잡을 때 '고급문화high culture'와 '대중문화'의 문화 형태로도 존재해 온 것은 시대와 사회의 계급들이 속해 있는 사회 계층의 차이로 인하여 성립된 것이다. 대중문화가 고급문화에 대립될 때 부정적인 시각의 문화로 정의되기도 한다.

대중문화는 SNS의 발달과 생활수준이 향상됨에 따른 문화적인 욕구 등을 기반으로 새로운 문화 형태가 만들어진 것이라 할 수 있다. 인간이 형성시킨 문화 속에 경제의 논리가 작용하여 형성된 것이며 대중문화의 사회 정치적 기능 속에는 자본주의적 이론과 이윤 추구의 목적이 있다. 대중문화는 상품 문화로 말할 수 있으며 이윤을 추구하는 상품을 대량 생산하고 대량 소비가 이루어지면서 문화의 상품화와 획일화의 경향이 생길 수 있다.

문화의 형태가 상품화되면서 규격화되고 획일화되어 한 사회를 지배하게 될 때 그 사회가 갖는 문화는 규격화되고 획일화되는 현상을 볼 수 있다. 미디어의 발달로 음악의 공유가 시 공간을 초월한 공유를 가져오게 되었으며 한 문화의 특징을 음악이 결정지을 수 있는 단서가 되기도 한다. 현대에는 유행하는 음악과 패션 스타일이 유사하게 나타나며 음악이라는 한 문화요소에서 다른 문화요소들을 포함하여 새로운 문화 현상으로 나타나기도 한다.

그 중 대표적인 힙합hip hop은 1970년대 미국에 등장하여 1980년대 이후 세계적으로 유행하게 되었다. 힙합은 흑인들이 즐기던 음악의 한 장르이며 그들만의 독특한 특징들이 결합된 저항적 의미가 담긴 랩rap으로 사회적인 의미와 음악적인 측면에서 다루어져 왔으며 이러한 문화의 현상이 세계적으로 발전하게 되어 패션, 헤어, 음악, 춤, 영화와 같은 여러 영역의 문화요소들을 포함하고 있다. 인종과 지역의 다양한 문화적 특수성을 혼합한 '다문화적multi cultural' 현상이다.

우리나라에서 힙합이라는 문화가 일반대중에게 인기를 얻게 된 것은 오래되지 않았으며 다른 흑인 음악인 레게reggae의 유입 시기와 스타일이 유사하여서 두 종류의 음악이 혼동되고는 하였다. 국내에서는 힙합을 흑인들의 하위문화로 생각하는 경우가 많지만 대중문화의 이해도가 부족한데서 온 것으로 본다..

현대의 대중음악과 대중문화는 밀접한 관련을 가지고 있으며 그것은 헤어와 패션에도 반영되어 나타나며 특수머리로 파장되어졌다. 힙합의 문화 현상은 뉴욕 빈민가에서 흑인들에 의해 하위문화로 시작되었다. 힙합 문화는 음악에만 나타나는 현상이 아니며, 춤과, 의복, 헤어 등에서도 힙합문화가 가지고 있는 힙합의 패션은 하위문화에서 시작하였다고 보지만 매스패션과 하이패션에 까지 영향을 주었으며 현대 패션스타일의 한 부분을 담당하고 있다. 힙합의 음악과 특수머리, 패션스타일은 상호작용하면서 서로에게 영향을 주기도 하고 받기도 하면서 대중문화 속으로 흡수되었으며 이러한 힙합의 요소들이 힙합에 한정되지 않고 다른 문화에 많은 영향을 주며 발전하고 있다.

PART Ⅱ

특수머리 실기

Chapter 4

특수머리 전문가 되기

1. 위그 트위스트 익스텐션

1. 사진

정면

뒷면

좌측

우측

2. 준비물

가위, 실 고무줄, 핀셋, 꼬리빗, 원사

3. 위그 트위스트 익스텐션 제작과정

① 섹션을 가로로 나누어 잡는다.
가로, 세로 2cm내외

② 레게 원사를 왼손 중지에 걸고, 오른손 검지·엄지로 아래 모발을 잡는다.

③ 오른손 중지가 왼손 검지 · 엄지에 있는 모발을 걸어 잡는다.

④ 왼손 검지로 두피에 밀착시키면서 오른쪽을 일정하게 꼬아준다.

⑤ 오른손 검지로 두피에 밀착시키며 왼쪽의 모발을 시계 방향으로 꼬아준다.

⑥ 꼬아진 모발을 텐션을 주면서 두 가닥 꼬기를 한다.

⑦ 두가닥의 꼬임이 같도록 모발에 텐션을 유지하며 꼬기를 한다.

⑧ 중지에 걸어 왼쪽으로 넘기면서 꼬아준다.

⑨ 시계 방향으로 두 가닥을 꼬고 중지로 걸어 넘기며 꼬아준다.

⑩ 열로 땋아진 모발 끝의 표면을 녹인다.

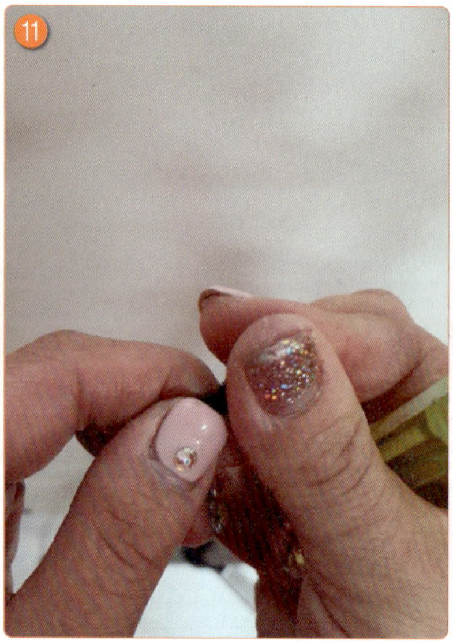

⑪ 검지와 엄지로 눌러 모양을 만들고 길이를 정리한다.

⑫ 완성한 모습

2. 위그 브레이드 익스텐션

1. 사진

정면

뒷면

좌측

우측

2. 준비물

가위, 실 고무줄, 핀셋, 꼬리빗, 원사

3. 위그 브레이드 익스텐션 제작과정

① 섹션은 가로로 이등분하여 잡는다.

② 모발 길이보다 긴 위그를 준비한다. 3배정도

③ 가로로 이등분된 모발에 위그를 넣어 엮어준다.

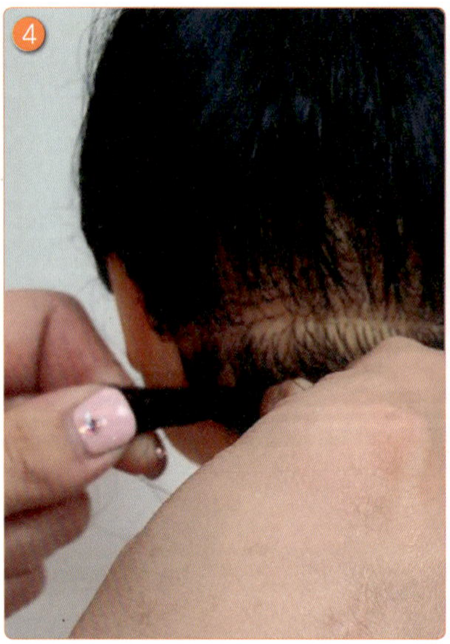

④ 섹션 아래 모발은 위로 위 모발은 아래로 서로 교차 시킨다.

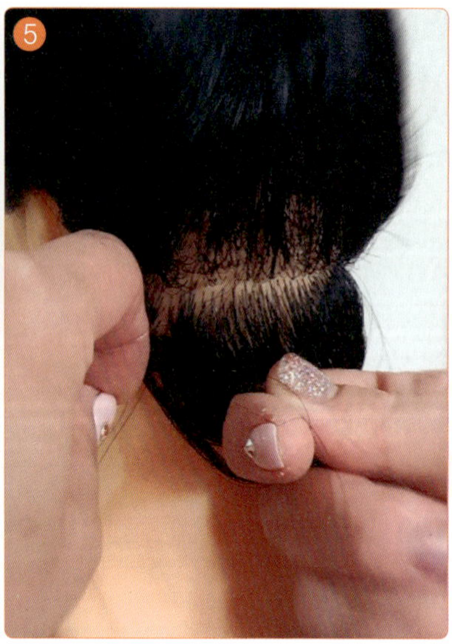

⑤ 양쪽 모발의 3/1을 가운데로 보내면서 왼손 검지로 누르며 엮는다.

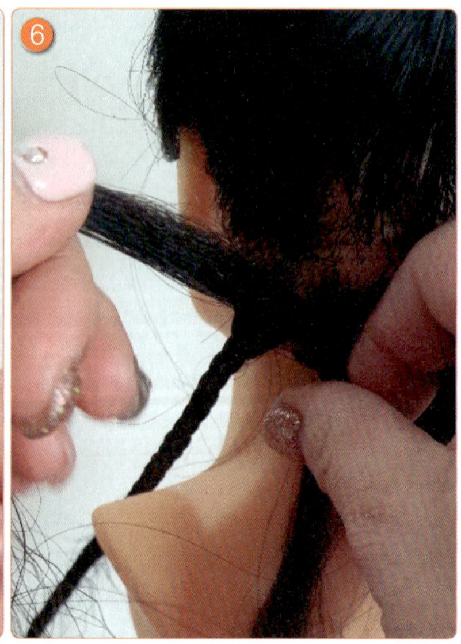

⑥ 양쪽 모발에 위그를 가운데로 보내고 왼손으로 잡는다.

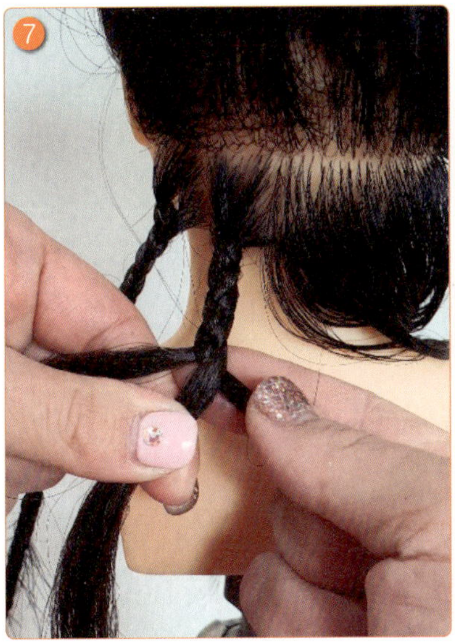

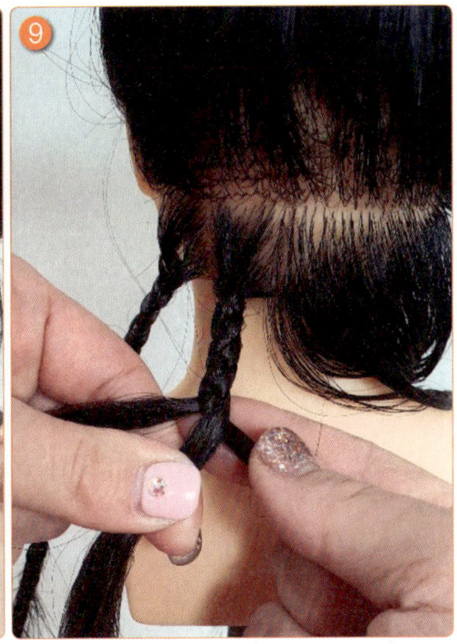

⑦ 검지로 누르면서 가운데 모발 위로 우측 모발을 겹친다. 두피에서 1~2㎝ 정도

⑧ 가운데 모발 위로 좌측 모발을 겹친다. 크로스 되는 부분을 엄지로 눌러 풀리지 않도록 한다.

⑨ 계속 세가닥으로 땋는다.

⑩ 끝까지 땋은 후 열로 땋아진 표면을 녹여준다.

⑪ 검지와 엄지로 눌러서 마무리한다.

⑫ 완성한 모습

3. 얀 브레이드 익스텐션

1. 사진

정면

뒷면

좌측

우측

2. 준비물

가위, 실 고무줄, 핀셋, 꼬리빗, 얀(털실)

3. 얀 브레이드 익스텐션 제작과정

① 섹션을 가로로 이등분한다.

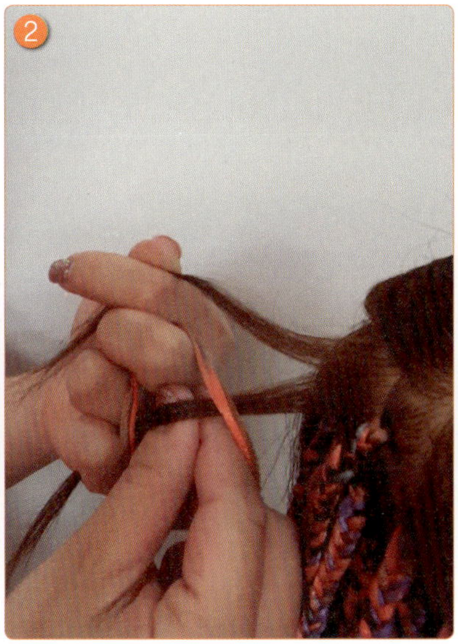

② 모발길이 3배 길이로 얀을 준비한다. 가로로 이등분된 모발에 얀을 넣어준다.

③ 섹션 아래 모발은 위로 위 모발은 아래로 서로 교차시킨다.

④ 왼손 검지로 누르면서 모발과 얀을 틀어서 잡는다. 좌측, 우측에서 모발의 ⅓과 얀 ⅓을 나누어준다.

⑤ 오른손 검지로 누르면서 모발과 얀을 틀어서 잡는다. 두피에서 흘러내리지 않도록 1~2㎝정도 검지로 눌러준다.

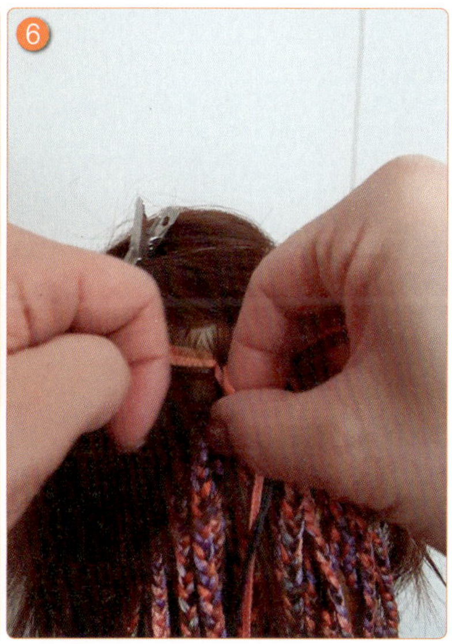

⑥ 양쪽에서 모발과 얀을 가운데로 보내고 왼손으로 잡는다.

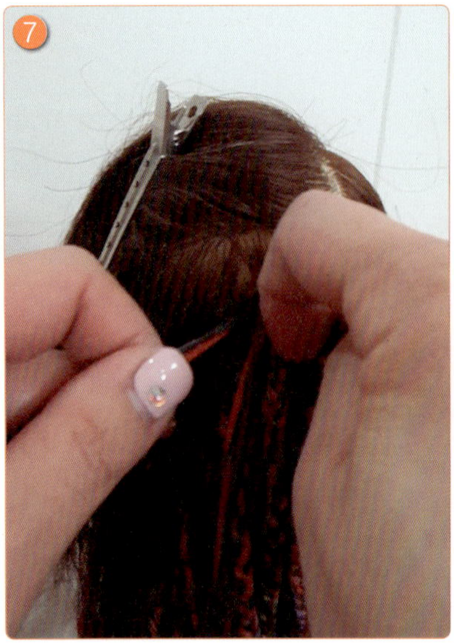

⑦ 두피에 밀착되도록 가운데 모발 위로 우측 모발을 겹친다.

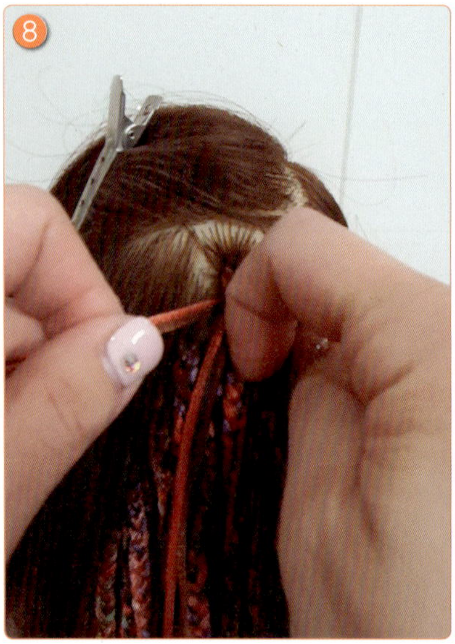

⑧ 가운데 모발 위로 좌측 모발을 겹친다.

⑨ 가운데 모발 위로 좌측 모발을 겹친다.

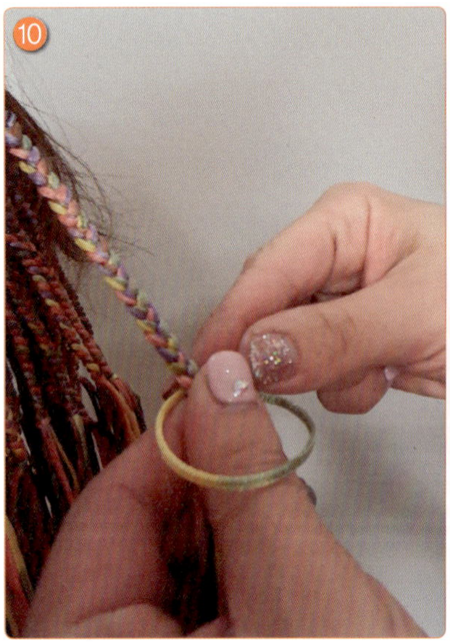

⑩ 왼손 엄지 위로 얀을 올려놓고 한 바퀴 돌린다.

⑪ 얀을 고리 사이로 넣어서 뺀다.

⑫ 얀 브레이드 익스텐션

4. 얀 트위스트 익스텐션

1. 사진

정면

뒷면

좌측

우측

2. 준비물

가위, 실 고무줄, 핀셋, 꼬리빗, 얀(털실)

3. 얀 트위스트 익스텐션 제작과정

① 섹션을 가로로 이등분한다. 모발 길이의 3배 길이로 얀을 준비한다.

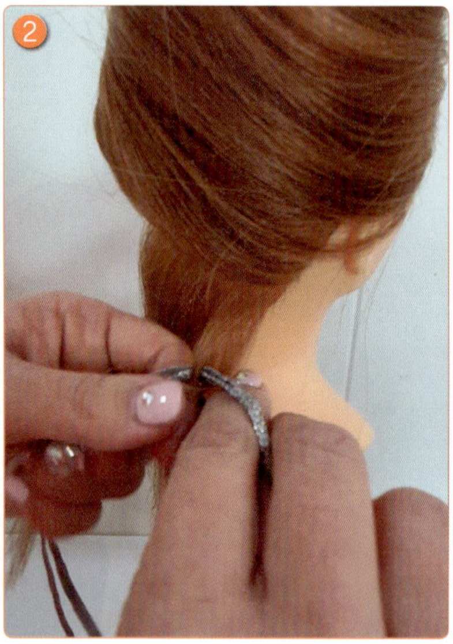

② 얀을 왼손 중지에 걸고, 오른손 검지·엄지로 아래 모발을 잡는다.

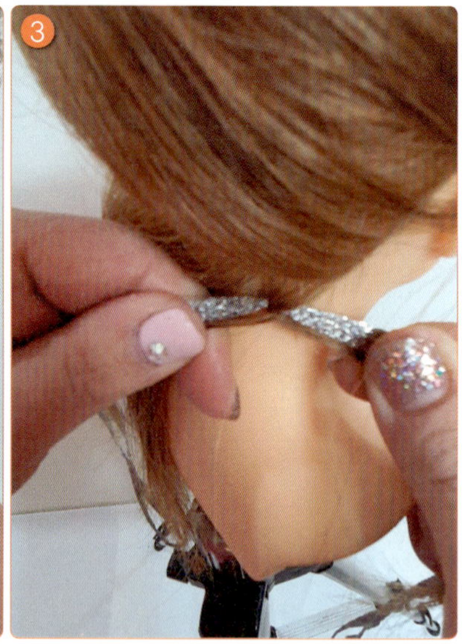

③ 섹션에 아래 모발은 위로 위 모발은 아래로 서로 교차시킨다.

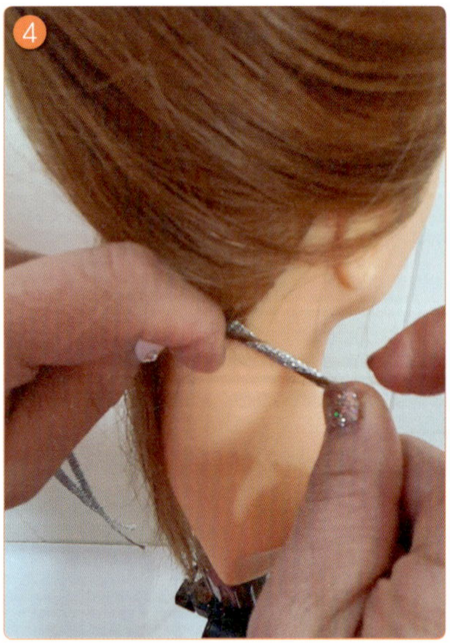

④ 왼손 검지로 두피와 떨어지지 않도록 누르면서 오른쪽 두가닥 뿌리쪽을 시계 방향으로 일정하게 꼬아준다.

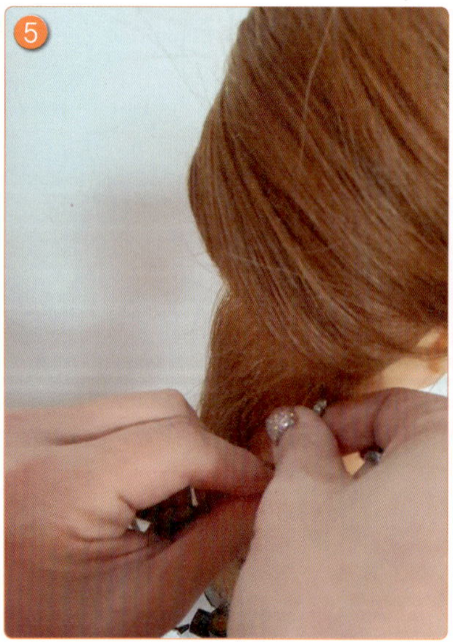

⑤ 오른손 검지로 누르면서 왼쪽 두 가닥 뿌리 쪽을 시계 방향으로 일정하게 꼬아준다.

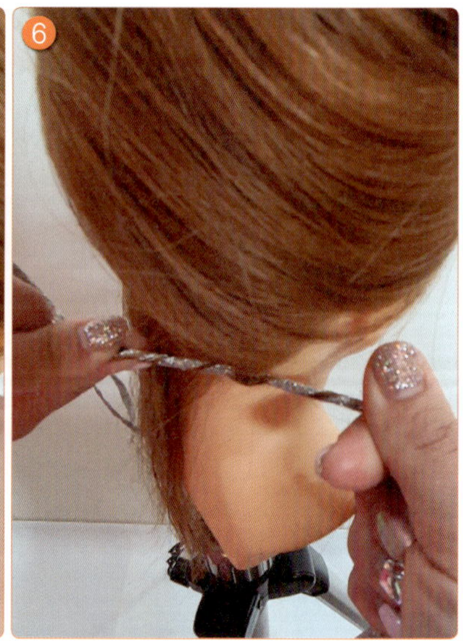

⑥ 두 가닥 뿌리 쪽을 시계 방향으로 일정하게 꼬아준다.

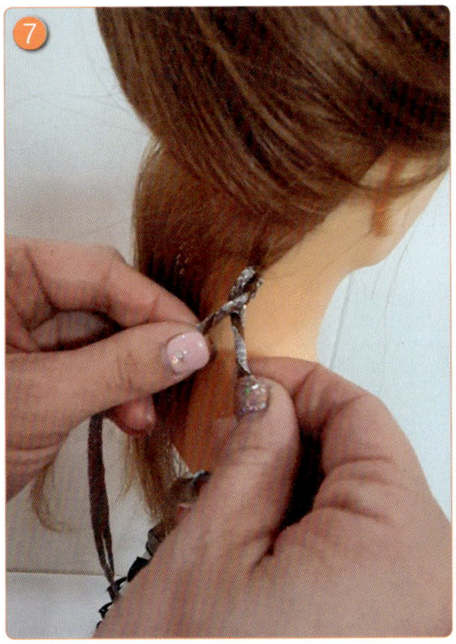

⑦ 꼬아진 모발을 반으로 갈라서 두 가닥 꼬기를 한다.

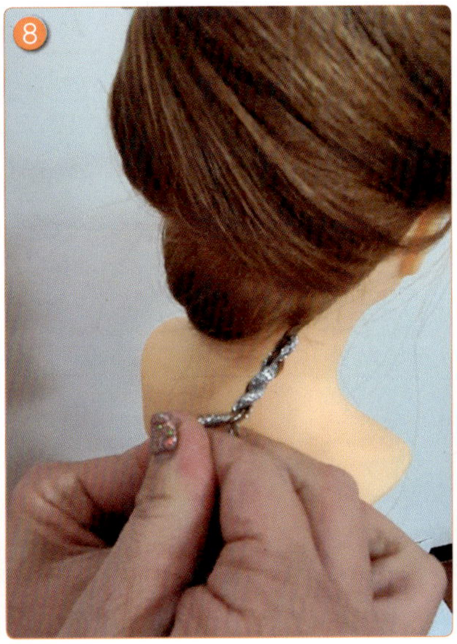

⑧ 중지에 걸어 왼쪽으로 넘긴 모습이다.

⑨ 시계 방향으로 두 가닥을 꼬고 중지로 걸어 넘겨서 꼬기를 한다.

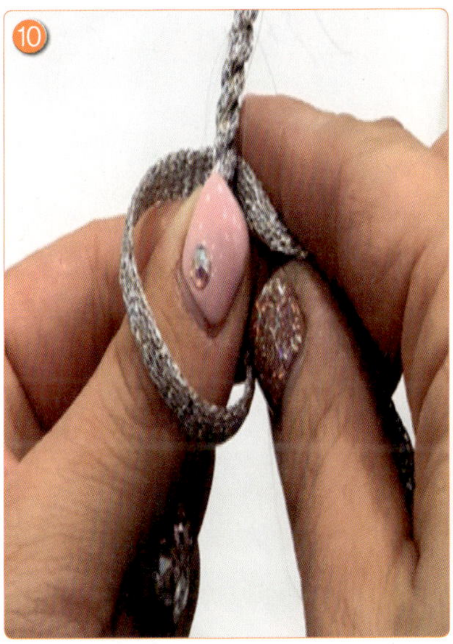

⑩ 다 땋은 후 얀 한줄을 이용해 땋여진 왼쪽으로 돌려 고리를 만든다.

⑪ 왼쪽으로 돌려 만든 고리에 얀 끝을 넣어 당겨 고정시킨다.

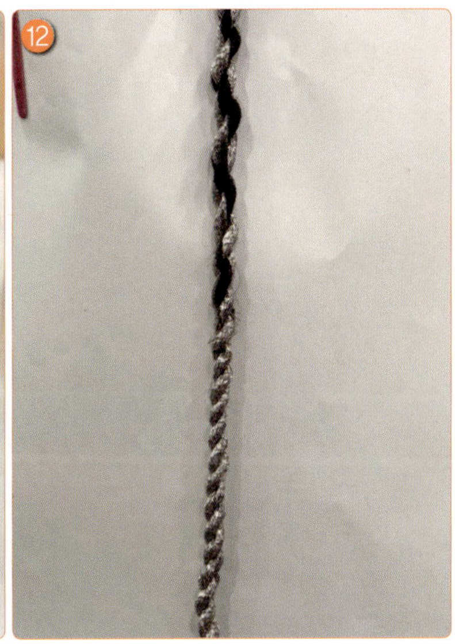

⑫ 얀 트위스트 익스텐션

5. 트윙클

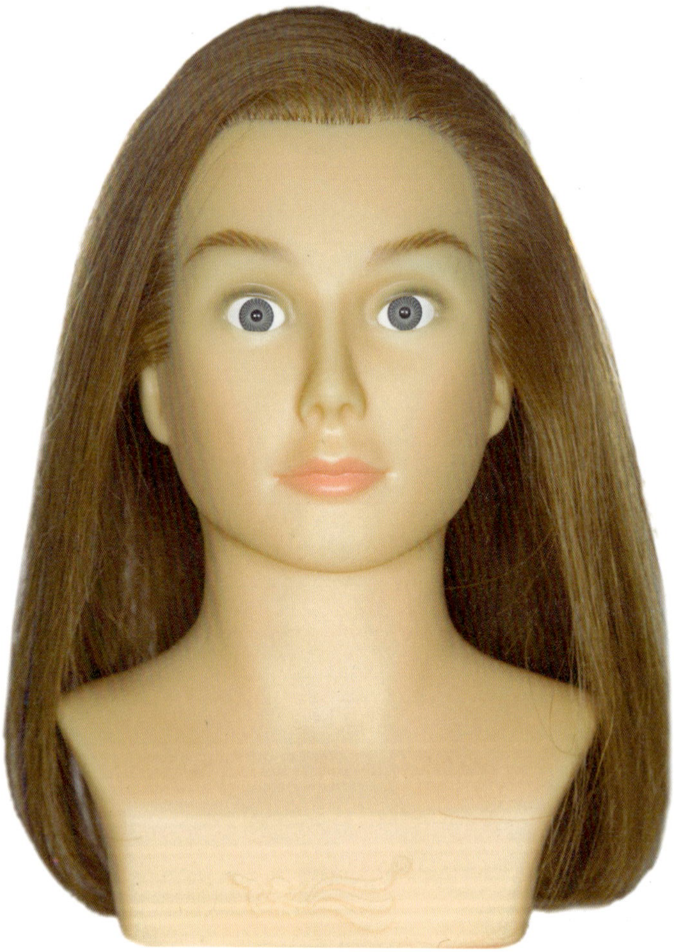

1. 사진

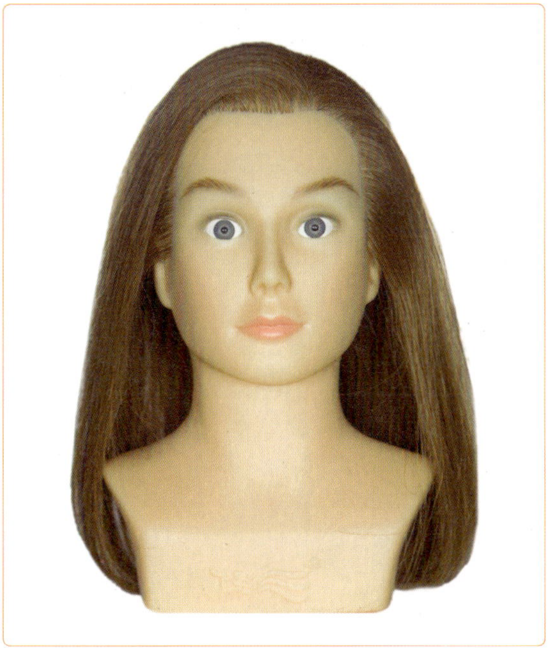

정면

뒷면

좌측

우측

2. 준비물

가위, 실 고무줄, 핀셋, 꼬리빗, 트윙클

3. 트윙클 제작과정

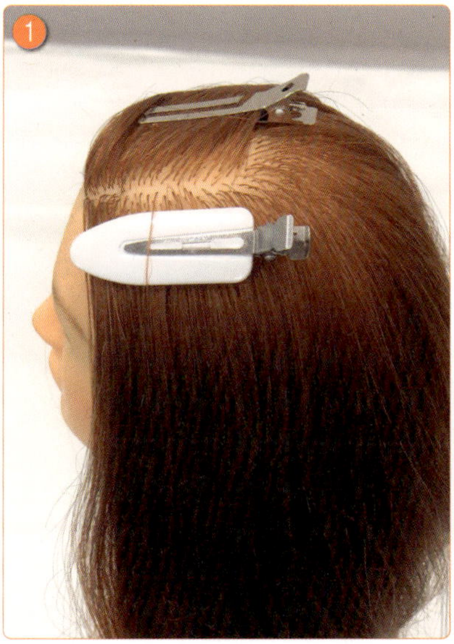

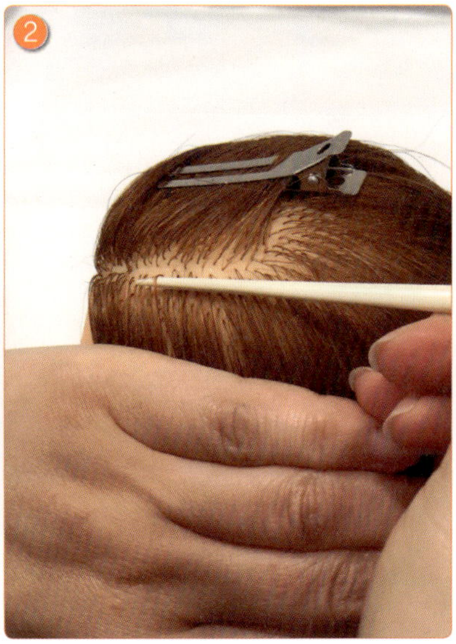

① 트윙클의 위치를 정한 후 핀셋으로 모발을 정리한다.

② 5~8가닥 정도의 모발을 깔끔하게 섹셔닝 한다.

③ 트윙클을 U자 모양으로 반을 접는다.

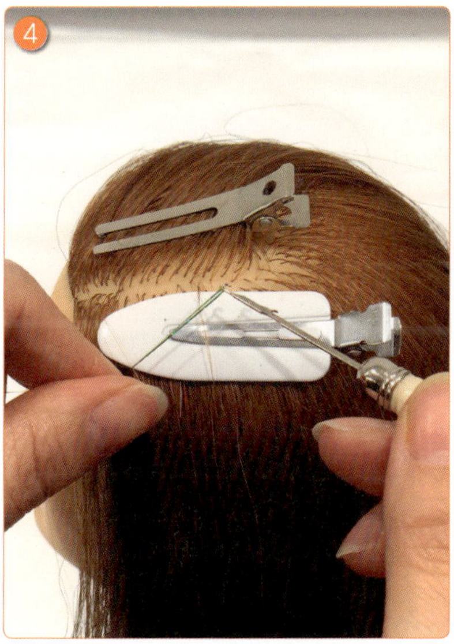

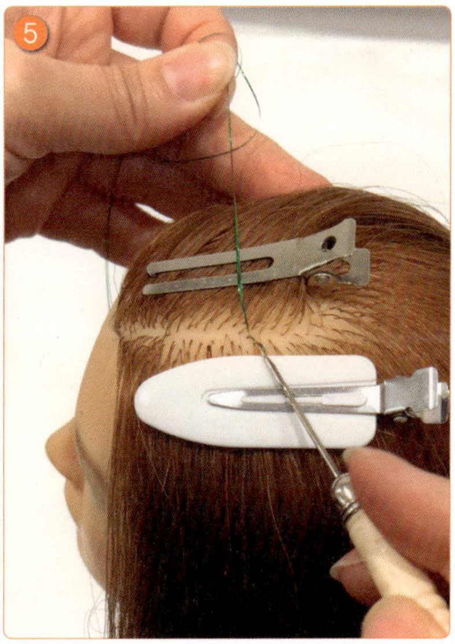

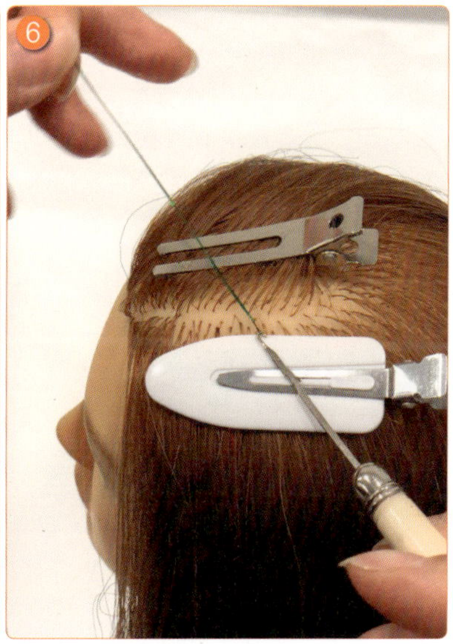

④ 트윙클과 모발을 코바늘에 건다.

⑤ 모발을 12시 방향으로 올린다.

⑥ 바늘을 시계방향으로 3 ~ 4회 돌린다.

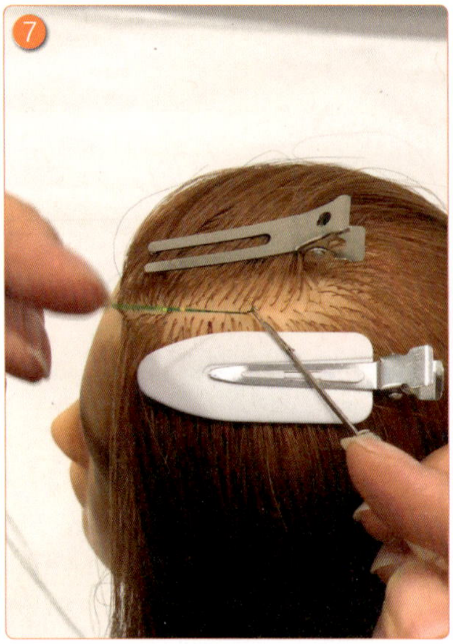

⑦ 모발을 9시 방향으로 내린다.

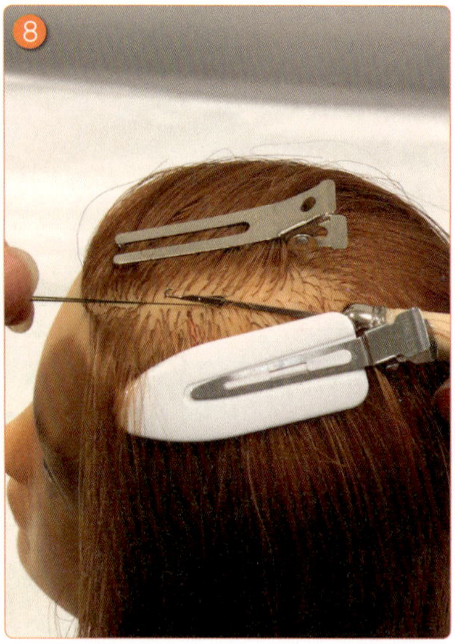

⑧ 코바늘을 오른쪽으로 3 ~ 4회 꼬아준다.

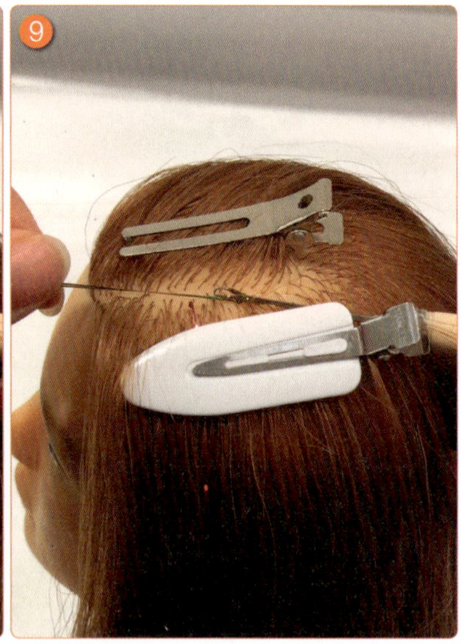

⑨ 모발을 코바늘의 갈고리에 넣고 닫아준다.

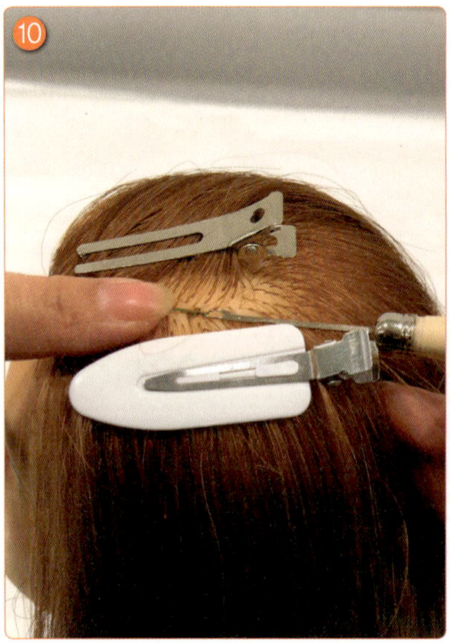

⑩ 검지손으로 가볍게 누르면서 코바늘의 갈고리를 빼낸다.

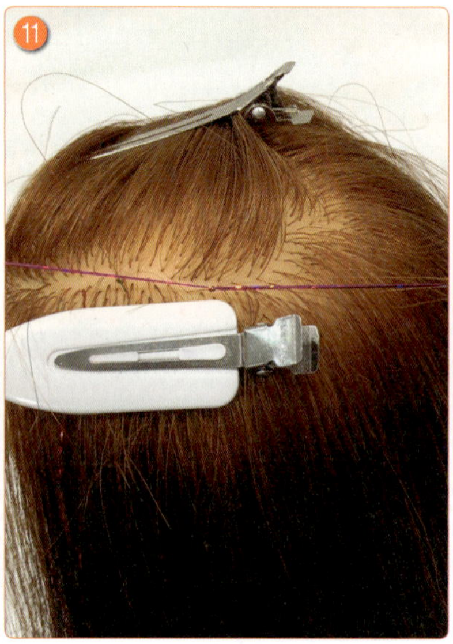

⑪ 끊어지지 않도록 힘을 뺀 후 매듭이 되도록 빼준다.

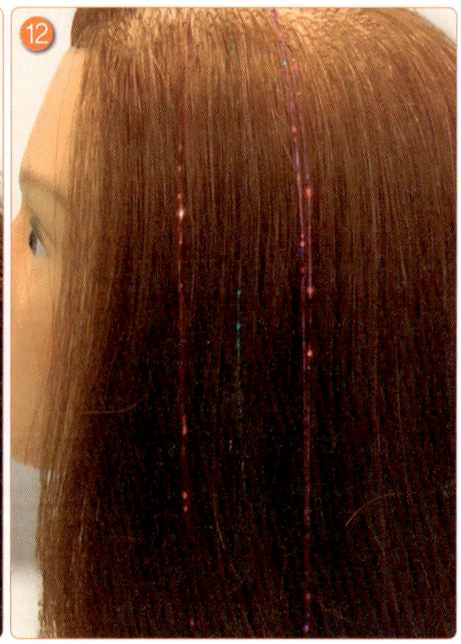

⑫ 트윙클

6. 피스 익스텐션

1. 노팁 트위스트 익스텐션

(1) 사진

정면

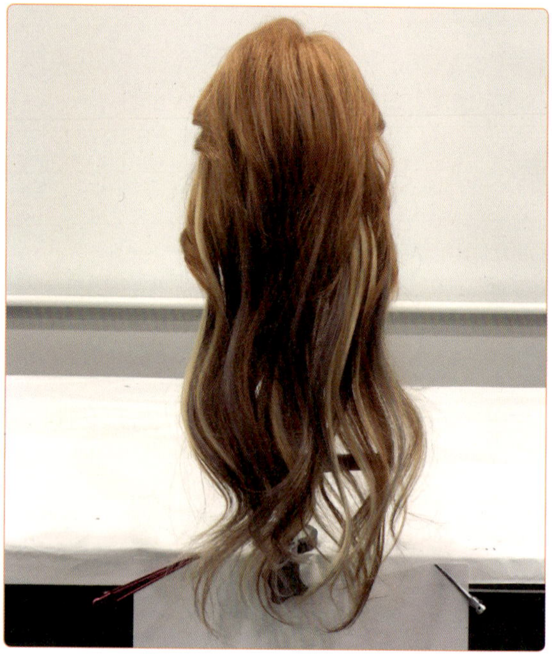
뒷면

좌측

우측

(2) 준비물

노팁투링피스, 링, 스킬바늘, 피스용 집게, 가위, 핀셋, 꼬리빗

(3) 노팁 트위스트 익스텐션 제작과정

① 제품을 스킬바늘에 넣는다.

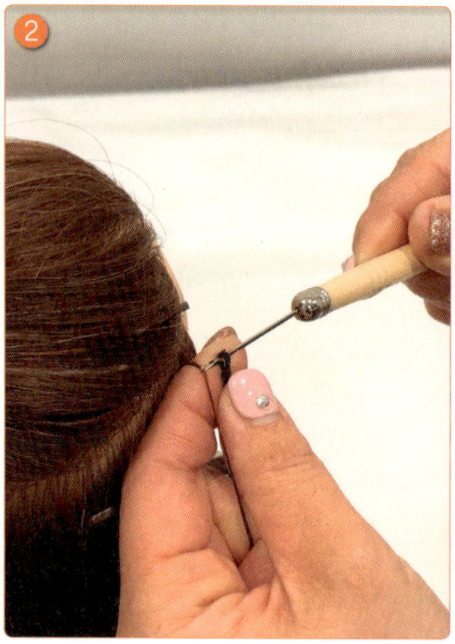

② 소량의 모발을 바늘 고리에 끼워 준다.

③ 바늘을 사용하여 모발을 빼어낸다.

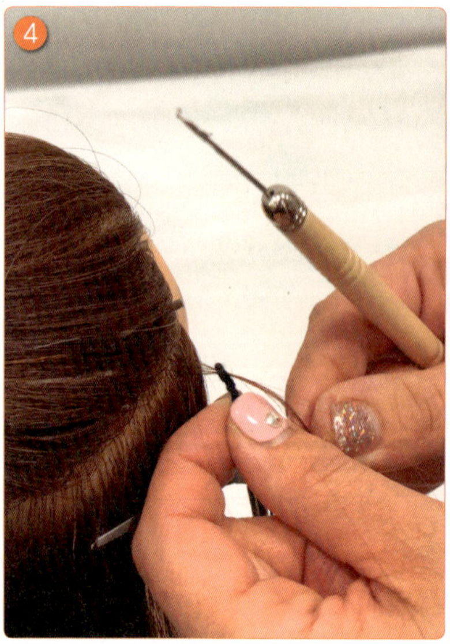

④ 고리를 모근쪽으로 밀어 넣어준다.

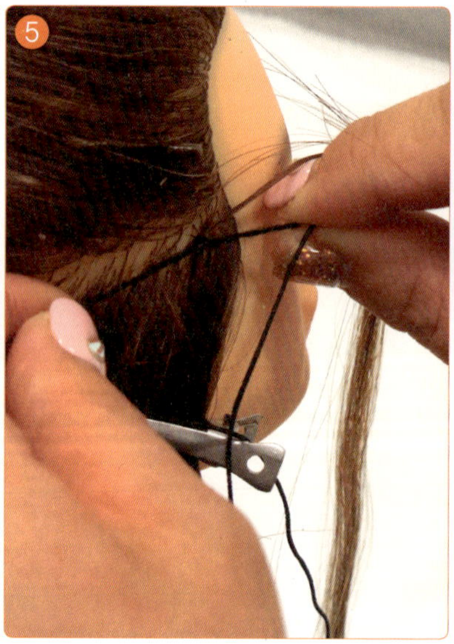

⑤ 두 갈래를 좌우로 잡아 당긴다.

⑥ 본래 모발과 피스를 반으로 나누어 잡는다.

⑦ 왼손 검지로 두피에 밀착시키며 우측을 꼬아준다.

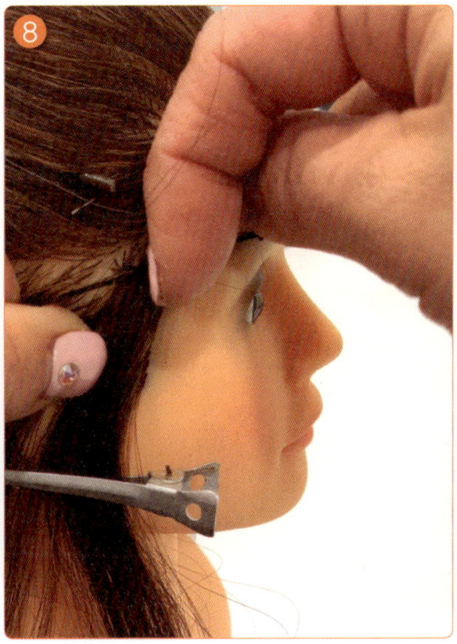

⑧ 오른손 검지로 두피에 밀착시키며 우측을 꼬아준다.

⑨ 두피에서 흘러내리지 않도록 주의하며 3~4회 꼬아준다.

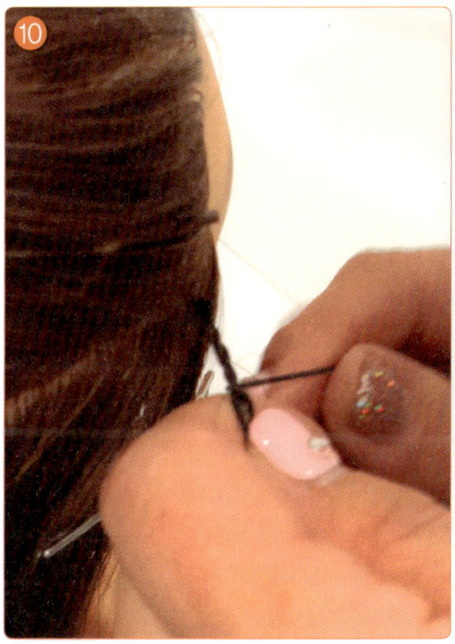

⑩ 완성된 꼬임을 잡는다.

⑪ 고무줄을 꼬임 아래 부분을 묶어준다.

⑫ 노팁 트위스트 익스텐션

2. 노팁 투링 피스 익스텐션

(1) 사진

정면

뒷면

좌측

우측

(2) 준비물

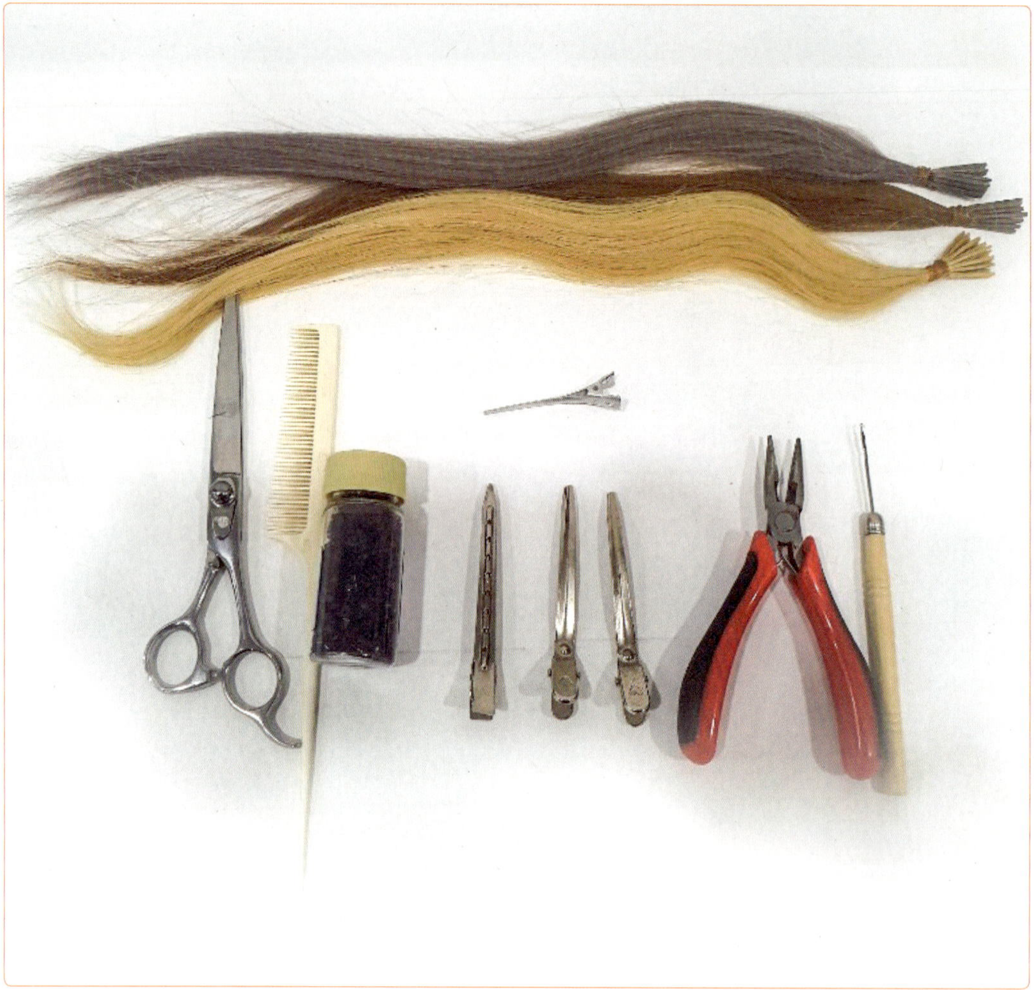

노팁투링피스, 링, 스킬바늘, 피스용 집게, 가위, 핀셋, 꼬리빗

(3) 노팁 투링 피스 익스텐션 제작과정

① 스킬바늘에 링을 끼워 준비한다.

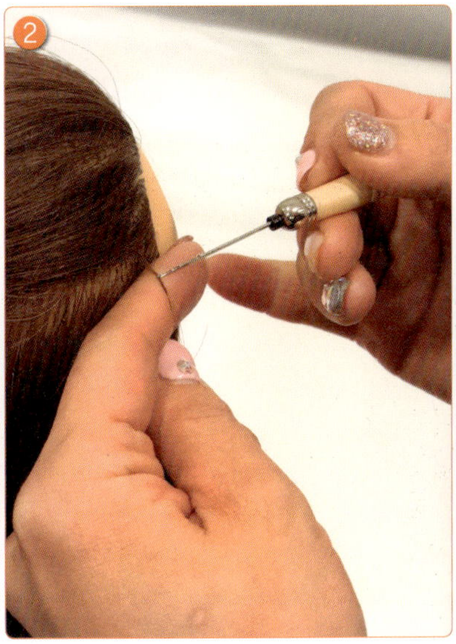

② 소량의 모발을 스킬 바늘을 사용하여 링 쪽으로 당겨준다.

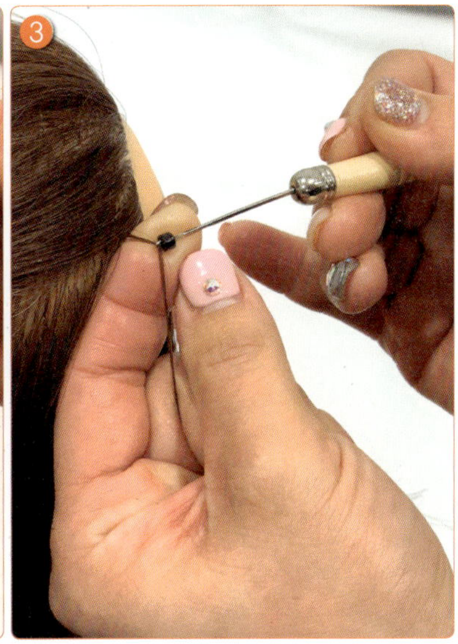

③ 링 사이로 모발을 빼낸다.

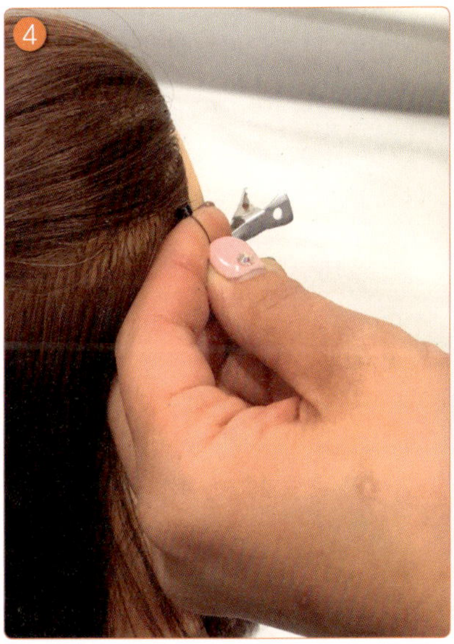

④ 링을 두피에 밀착한다.

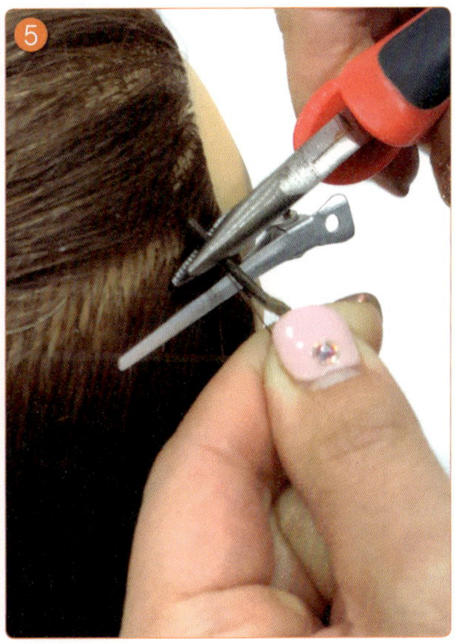

⑤ 헤어피스를 링 안에 넣고 두피 가까이 자리 잡아 헤어 피스용 집게 안쪽을 이용하여 강하게 눌러준다.

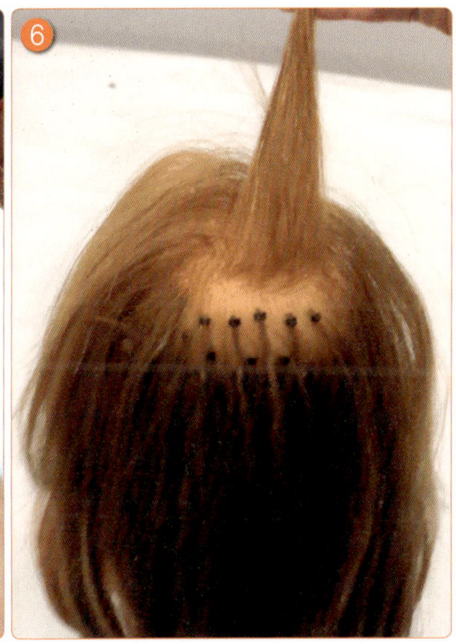

⑥ 노팁 투링 피스 익스텐션

7. 쥬얼리 브레이드

1. 사진

정면

뒷면

좌측

우측

2. 준비물

쥬얼리, 낚시줄, 꼬리빗, 핀셋, 가위, 실고무줄

3. 쥬얼리 브레이드 제작과정

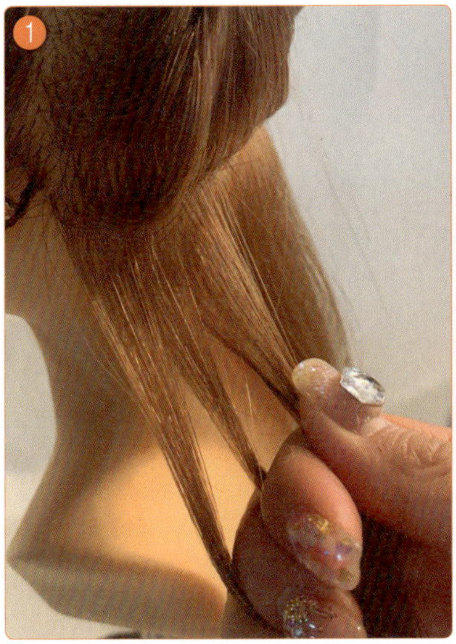

① 시술 위치를 선정 후 섹션을 3가닥으로 나눈다.

② 3가닥으로 7~8㎝정도 땋은 후 소량의 모발을 분리한다.

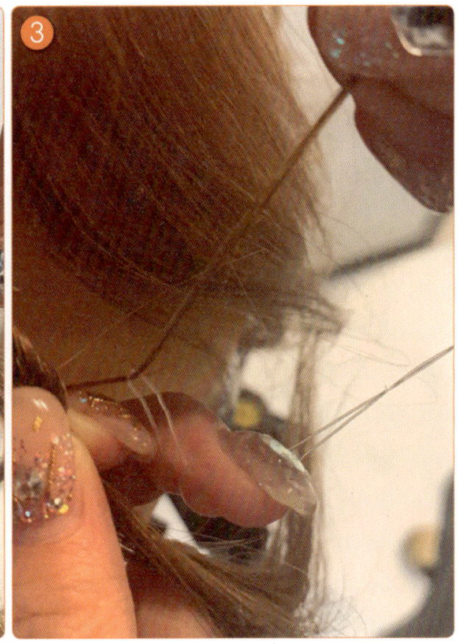

③ 낚시줄의 비즈 고리에 소량의 모발을 넣어준다.

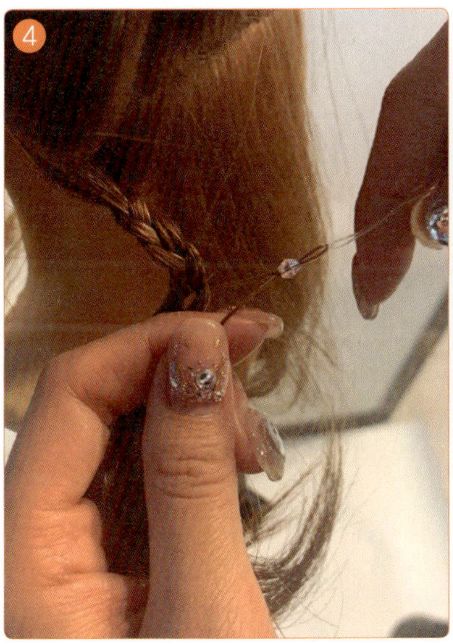

④ 낚시줄의 비즈를 모발에 옮겨준다.

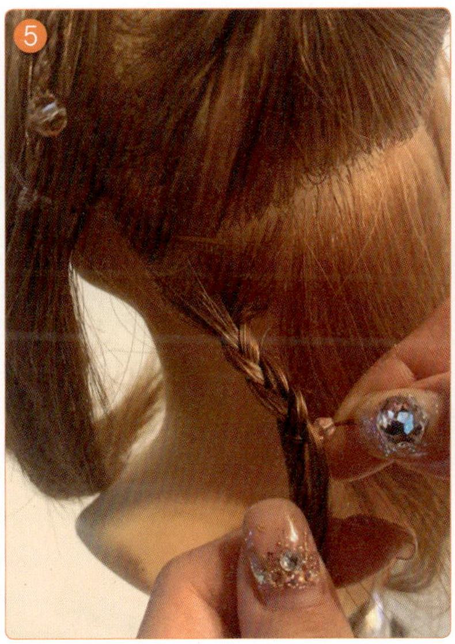

⑤ 비즈가 모발에 옮겨지면 엄지와 검지로 잡아 비즈가 움직이지 않도록 한다.

⑥ 비즈를 넣은 모발을 기존의 모발과 함께 잡아준다.

⑦ 텐션을 유지하며 세가닥 땋기를 진행한다.

⑧ 7~8㎝정도 땋은 후 다시 비즈를 넣는다.

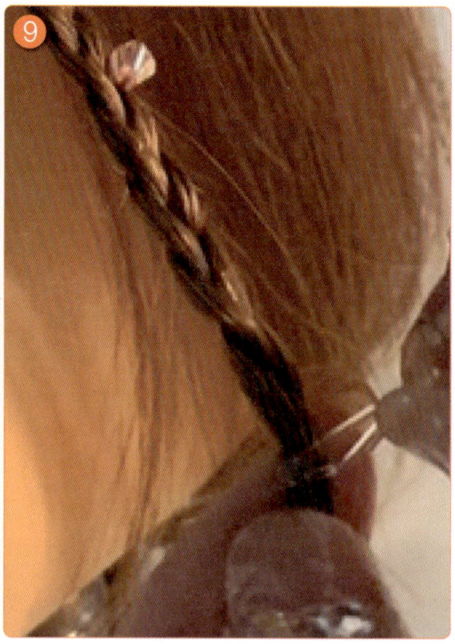

⑨ 실리콘 고무줄을 이용하여 4회 감는다.

⑩ 왼손 엄지 아래쪽으로 텐션을 주며 4회 감는다.

⑪ 4회 감고 2회 매듭을 한다.

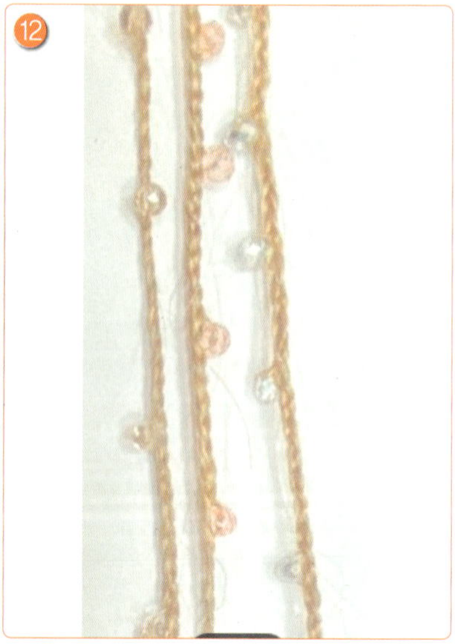

⑫ 쥬얼리 브레이드

8. 아프로 헤어스타일

1. 사진

정면

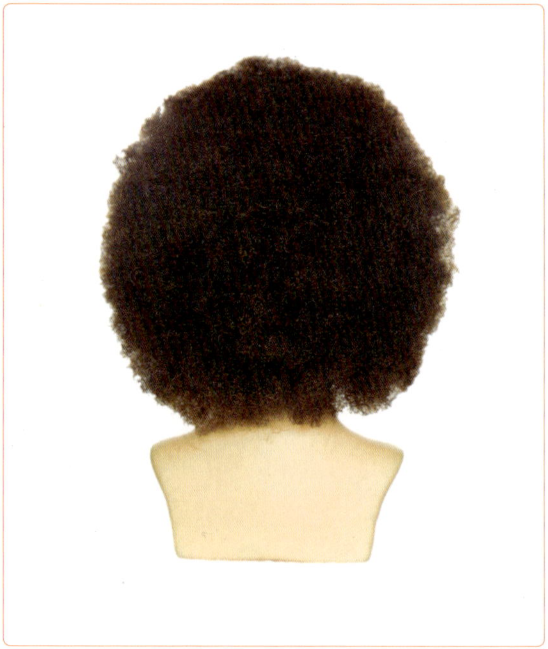

뒷면

좌측

우측

2. 준비물

꽃철사, 꼬리빗, 습지(앤드 페이퍼), 핀셋, 퍼머제 세트

3. 아프로 헤어스타일 제작과정

① ~ ③ 꽃 철사를 이용하여 탄력 있는 핀 펌을 완성한다.

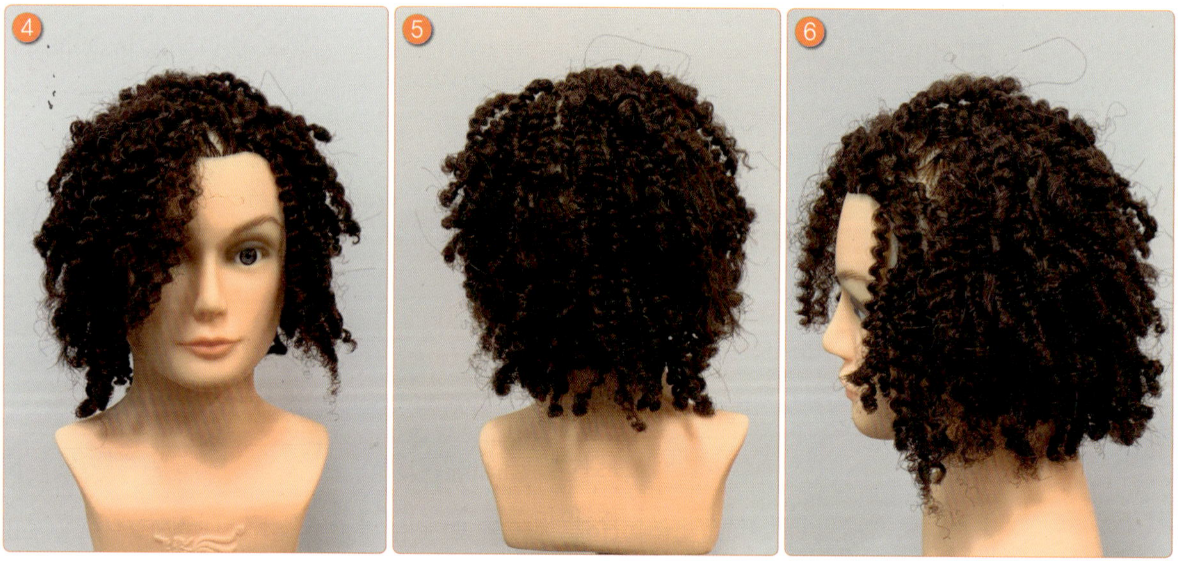

④ ~ ⑥ 샴푸 후 두피 위주로 말린 후 고정하면 스프링 펌이라고 한다.

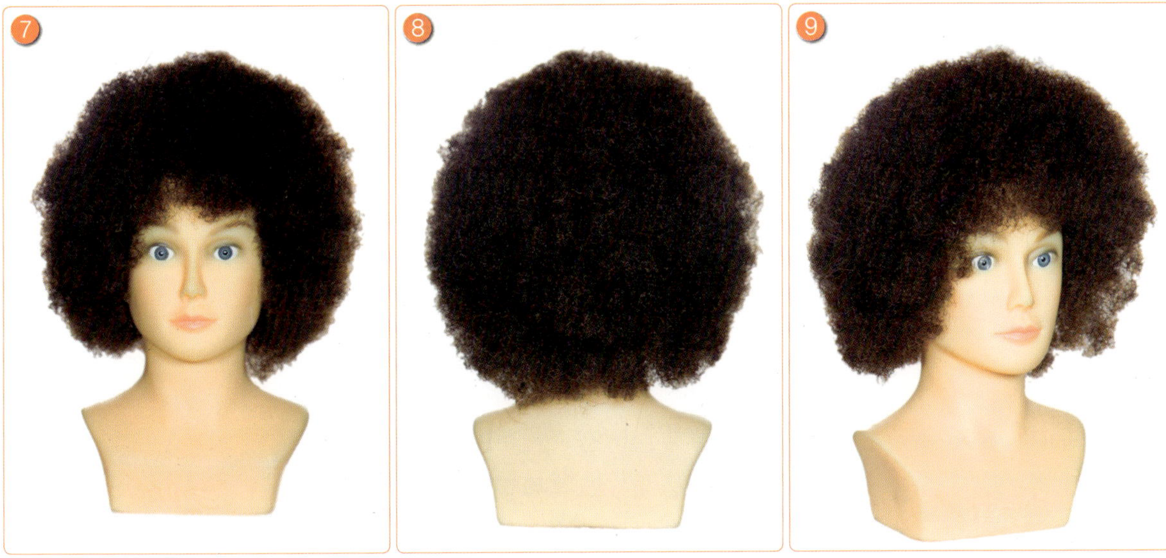

⑦ ~ ⑨ 흑인의 꼬불한 모발을 빗질하여 동그란 형태를 만드는 것처럼 빗을 사용해 컬을 터트리며 스타일링 한다.

9. 소프트 드레드

1. 사진

정면

뒷면

좌측

우측

2. 준비물

드레드 원사, 실고무줄, 가위, 꼬리빗, 라이터, 핀셋

3. 소프트 드레드 제작과정

① 아프로 펌을 풀어 놓는다. tip : 다이렉트 아이론으로 거친 질감을 만들 수 있다

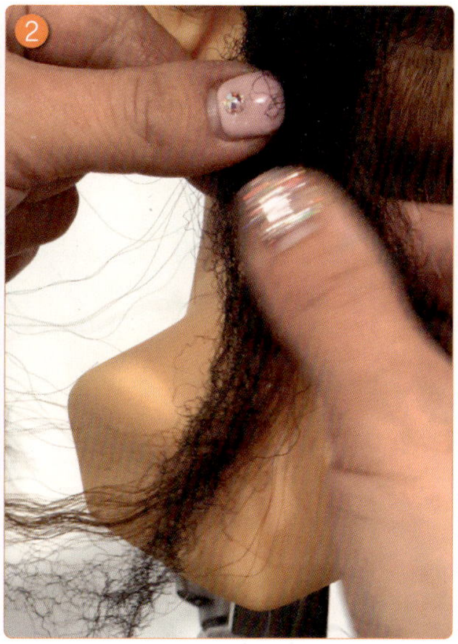

② 네이프부터 벽돌 모양 섹션으로 나누고 드레드 싱 베이스를 준비한다.

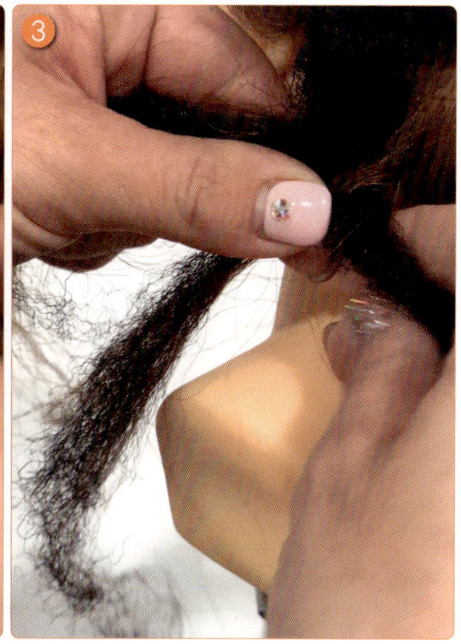

③ 섹션을 3가닥으로 나눈 위에 4가닥 드레드 싱 중 3가닥을 올린다. 스틱모양은 위쪽에 임시 고정

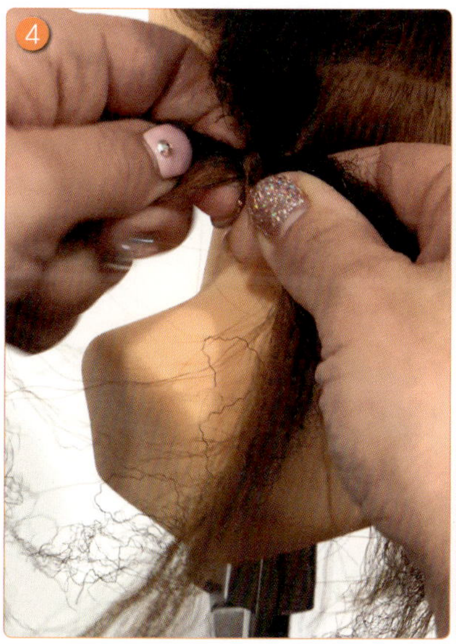

④ 모발과 싱 3가닥을 뿌리 부분이 쳐지지 않도록 두피에 밀착시켜 세가닥 땋기를 한다.

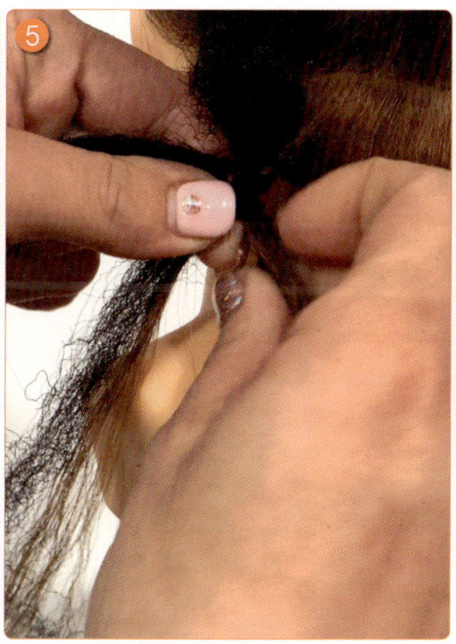

⑤ 4가닥 중 한가닥과 스틱 모양의 싱은 남겨놓고 세가닥 땋기를 한다.

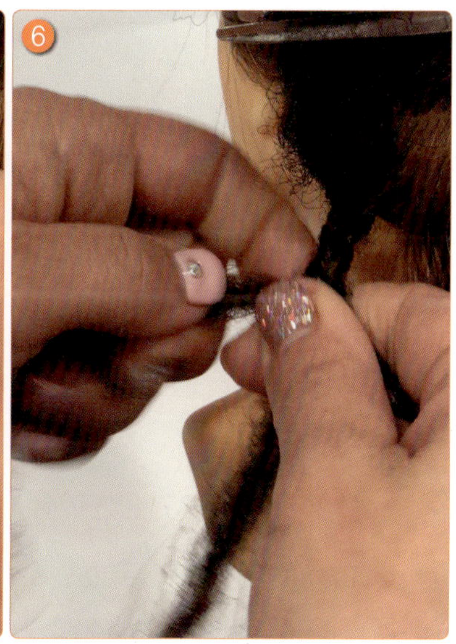

⑥ 땋기를 계속한다.

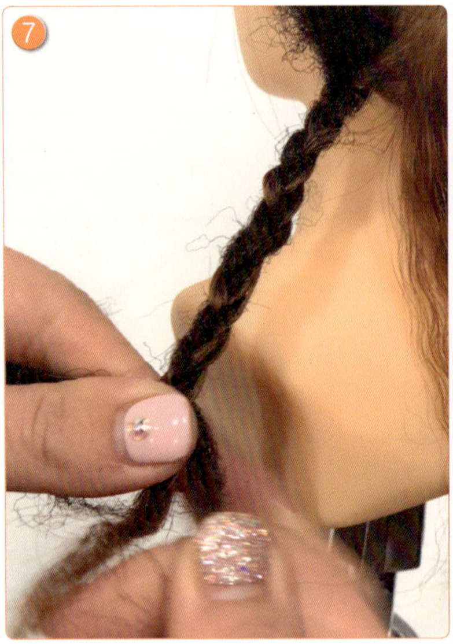

⑦ 세가닥 땋기를 한 후 묶는다.

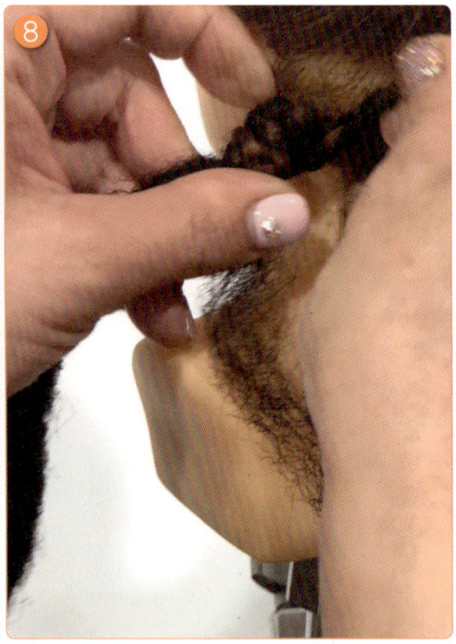

⑧ 적당한 텐션을 주면서 땋은 모발을 말아서 두피에 고정한다.

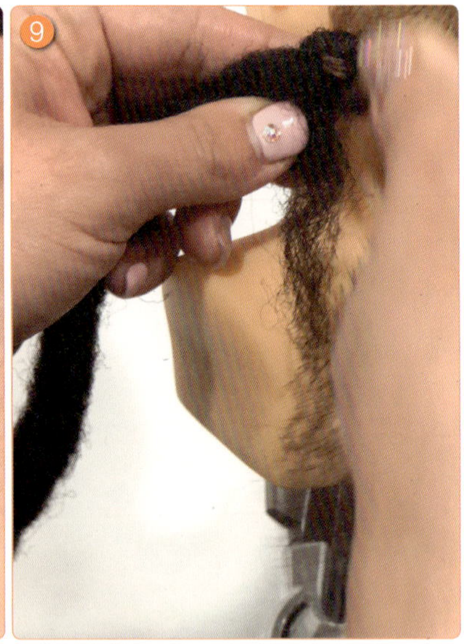

⑨ 위쪽에 임시 고정한 드레드 싱 베이스를 내려서 연결 부위를 감싼다.

⑩ 연결 부위를 남겨놓은 한 가닥으로 균일하게 감싸주고 코바늘을 사용해 텐션 없이 속아준다.

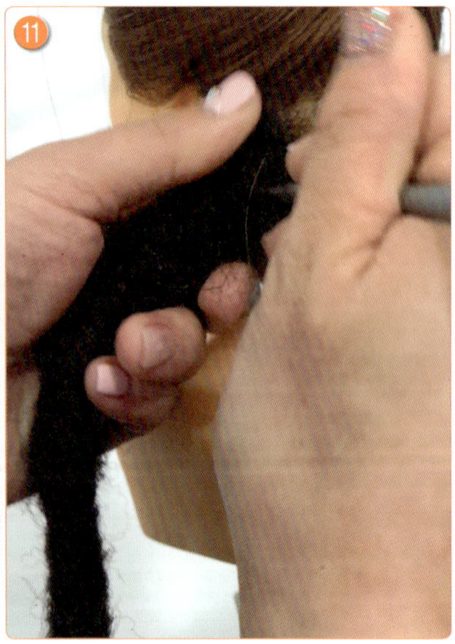

⑪ 코바늘을 가지고 모양을 잡아가며 연결되도록 견고하게 고정한다.

⑫ 소프트 드레드

10. 루비안 드레드

1. 사진

정면

뒷면

좌측

우측

2. 준비물

드레드 원사, 실고무줄, 가위, 꼬리빗, 라이터, 핀셋

3. 루비안 드레드 제작과정

① 2cm 내외의 섹션 위에 긴 원사를 올려놓는다.

② 원사 3가닥과 모발 3가닥을 같이 잡는다.

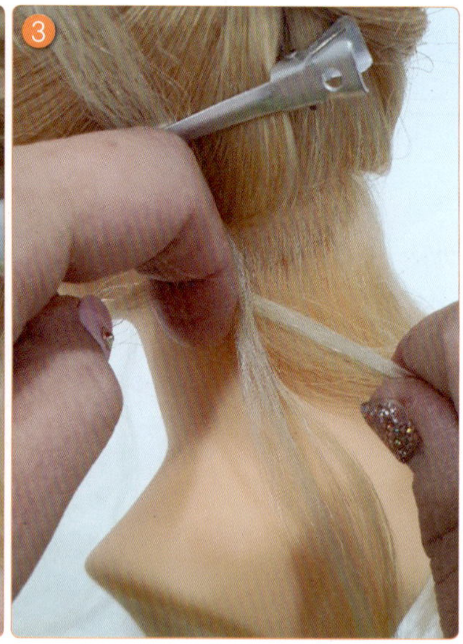

③ 왼손 검지로 두피에 밀착시키며 세 가닥 땋기를 한다.

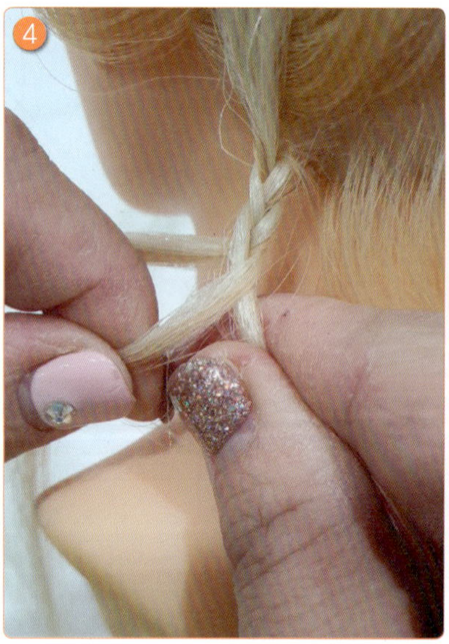

④ 오른손 검지로 두피에 밀착시키며 텐션감 있게 땋는다.

⑤ 끝까지 땋아준 후에 끝이 풀리지 않도록 열로 마무리하고 길이를 자른다.

⑥ 마무리 한 모습.

⑦ 소량의 원사를 떼어 시침질 세가닥으로 땋을 모발에 붙여 잡고 왼손의 모발은 시계 방향으로 꼬아준다.

⑧ 왼손에 있던 모발은 꼬아서 모발 위로 돌린다.

⑨ 왼손으로 땋은 모발을 잡고 남은 원사를 시계 방향으로 꼬아 감싸면서 돌린다.

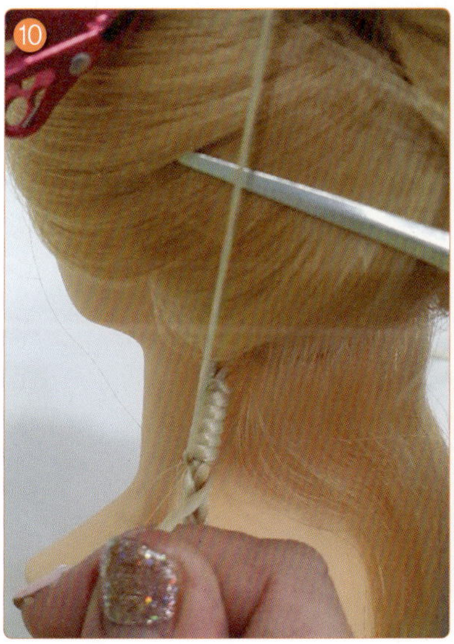

⑩ 소량의 원사를 밖으로 내어 올리고 나머지 원사는 꼬아서 시계 방향으로 한 바퀴 돌린다. 그 후 소량의 원사를 다시 땋은 부분에 합해준다.

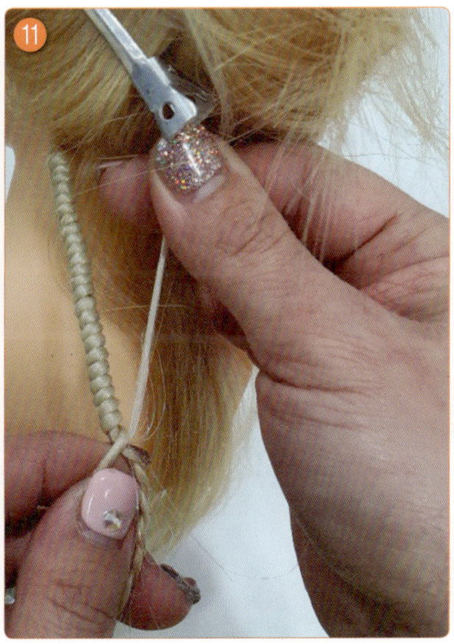

⑪ 5cm마다 시침질을 해주면서 끝부분까지 텐션을 주면서 감는다.

⑫ 열로 녹이고 엄지·검지로 눌러서 고정한다.

11. 스틱 드레드

1. 사진

정면

뒷면

좌측

우측

2. 준비물

드레드 원사, 실고무줄, 가위, 꼬리빗, 핀셋, 라이터

3. 스틱 드레드 제작과정

① 긴 원사를 섹션 위에 올려놓는다.

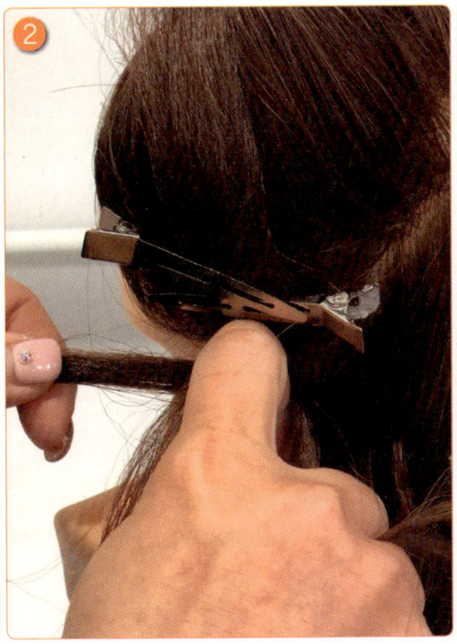

② 원사와 모발을 3가닥으로 나누어 잡고 오른손 검지로 두피에 밀착시키며 엮는다.

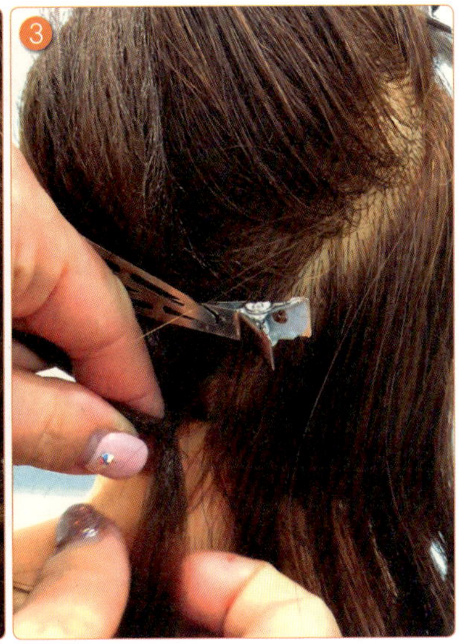

③ 왼손 검지로 두피에 밀착시키고 세가닥 땋기를 한다.

④ 텐션을 주면서 끝까지 땋는다.

⑤ 풀리지 않도록 열로 마무리한다. 임시 고정한 모발을 내린다.

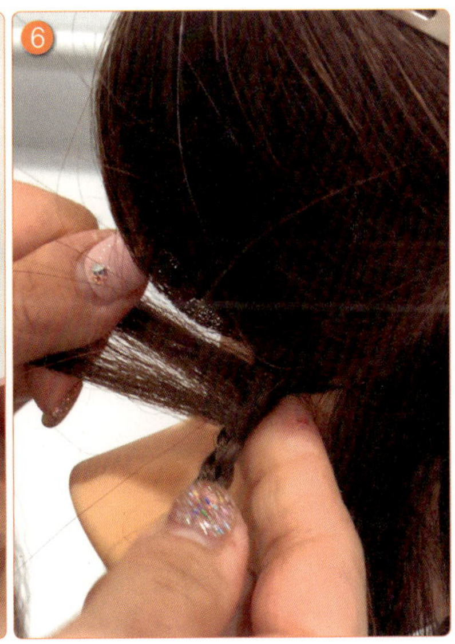

⑥ 소량의 원사를 떼어 시침질 세가닥으로 땋을 모발에 붙여 잡고 왼손의 모발은 펼쳐준다.

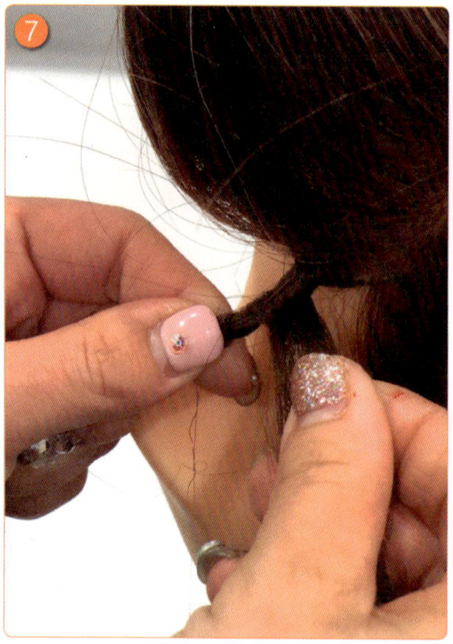

⑦ 왼손에 있던 모발은 펼쳐서 모발 위로 돌린다.

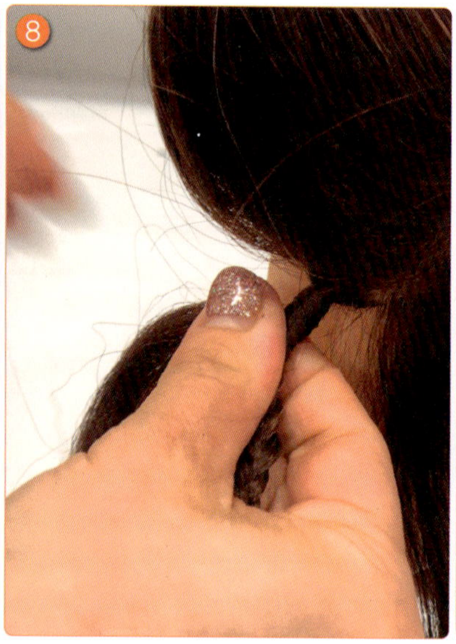

⑧ 땋은 모발을 잡고 남은 원사를 시계 방향으로 펼쳐서 세가닥을 감싸면서 돌린다.

⑨ 소량의 원사를 내리고 나머지 원사는 펼쳐서 시계 방향으로 한 바퀴 돌린다

⑩ 5cm마다 시침질을 하면서 끝 부분까지 텐션을 주면서 감는다.

⑪ 열로 녹이고 엄지·검지로 눌러서 고정한다.

⑫ 스틱 드레드

12. 콘로우

1. 사진

정면

뒷면

좌측

우측

2. 준비물

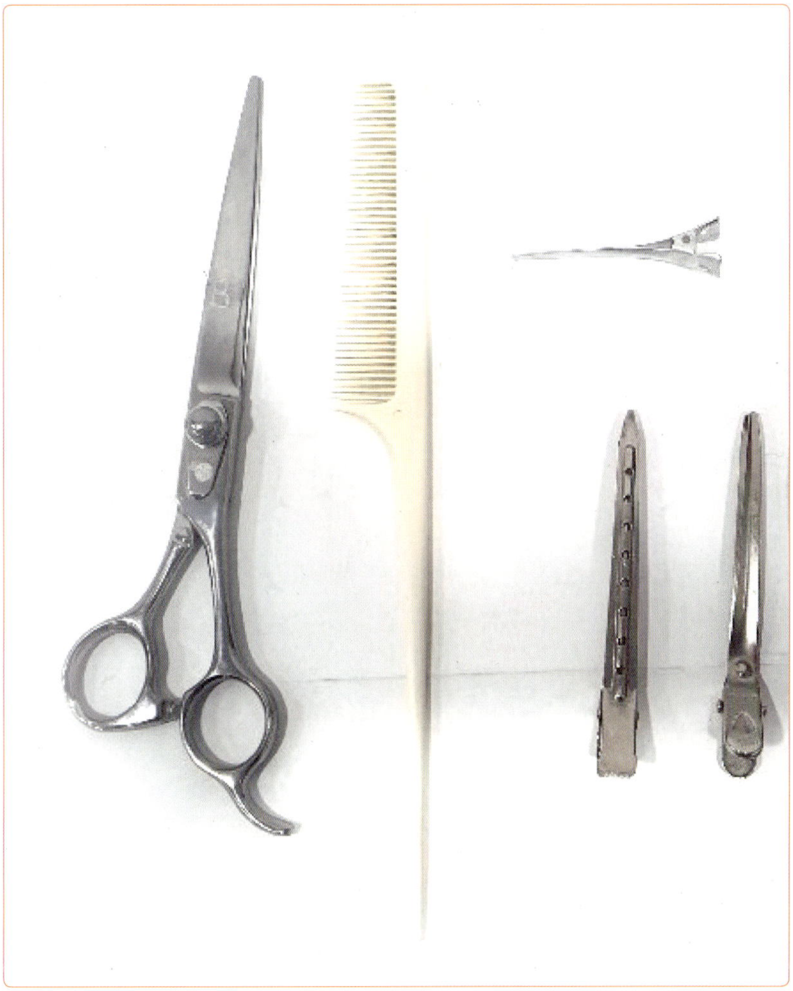

가위, 핀셋, 꼬리빗

3. 콘로우 제작과정

① 구상된 디자인에 따라 9개의 블로킹으로 나눈다.

② 시작 부분의 패널을 3가닥으로 나누어 잡는다.

③ 세가닥을 검지·엄지와 약지·중지로 잡아준다.

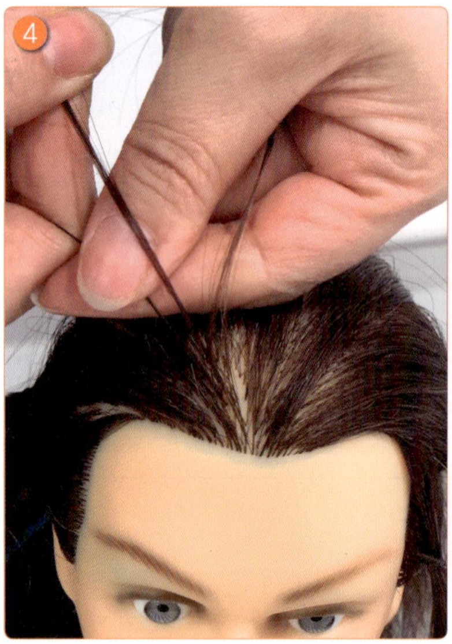

④ 검지를 라인에 대고 0도를 유지하며 모발을 교차시킨다.

⑤ 엄지를 넣어 검지 오른쪽 부분의 모발을 잡는다.

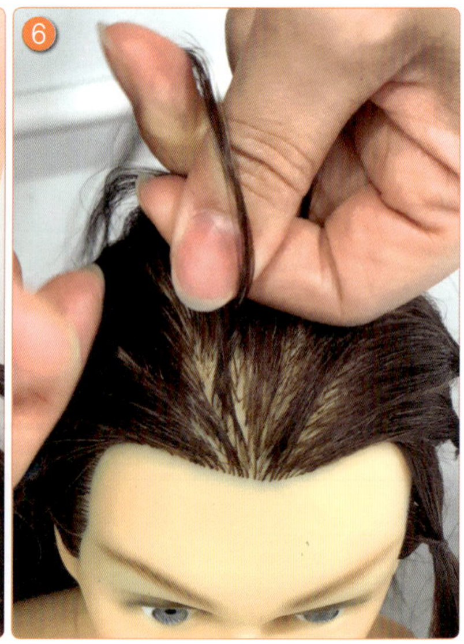

⑥ 검지·엄지로 잡은 모발은 오른쪽 옆으로 가지고 온다.

⑦ 좌측 모발을 가져와 오른손 엄지·검지가 잡고 있는 좌측 모발에 합친다.

⑧ 가운데 모발에 텐션을 주면서 당겨 땋는다. 모발이 두피쪽으로 붙도록한다.

⑨ 우측의 모발은 검지·엄지가 잡고 있는 우측 모발에 합친다.

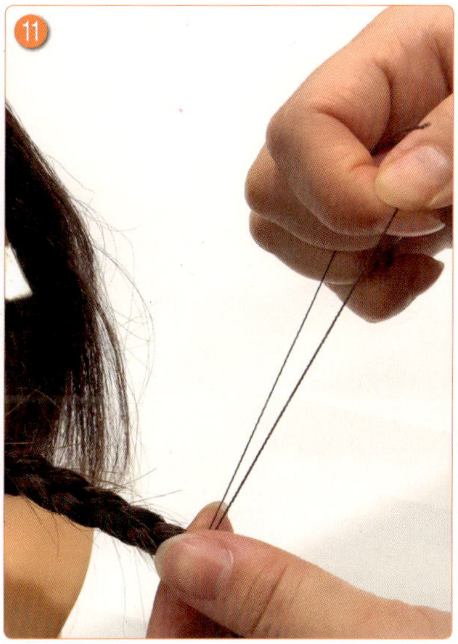

⑩ 끝까지 땋은 후 고무줄 실로 묶는다.

⑪ 5회 이상 감은 후 2회 매듭한다.

⑫ 콘로우

Chapter 5

특수머리 실습

1. 휴먼 브레이즈

지식	1. 샴푸 시 두피를 심하게 문지르면 엉킴의 원인이 되므로 미지근한 물로 가볍게 샴푸하는 방법을 알고 있다. 2. 브레이즈 시 뿌리에서 밀리지 않게 매듭하는 방법을 알고 있다. 3. 건조 시 두피 중심으로 말리며 모발은 온풍, 냉풍을 교대로 위에서 아래 방향으로 건조하는 방법을 알고 있다. 4. 고객의 모발이 떨어지는 방향에 잘 어울리게 시술하는 방법을 알고 있다.
기술	1. 유지력을 높이기 위해 두피에 밀착하여 시술할 수 있다. 2. 효율적 작업을 위해 사전에 아프로 펌을 할 수 있다. 3. 다이렉트 아이론을 사용하여 사전 작업을 할 수 있다. 4. 세 가닥의 꼬임이 같아야하며 뿌리에서 밀리지 않게 매듭을 할 수 있다.
태도	1. 시술하기 전에 모발을 깨끗이 샴푸 후 건조시켜 작업을 시작한다. 2. 장시간 서비스에 신속하고 정확한 서비스를 할 수 있다. 3. 전체적인 균형과 구도를 이해하고 시술하는 태도를 갖는다. 4. 고객의 두피에 자극을 최소화하려는 자세를 갖는다. 5. 신속하고 정확한 서비스를 할 수 있다.
주의 사항	1. 시술 시 옆 라인의 모발이 딸려오지 않도록 주의한다. 2. 시술 시 두피에 잘 밀착하여 들뜸이 없도록 주의한다.

준비물	가위, 실고무줄, 핀셋, 꼬리빗	
	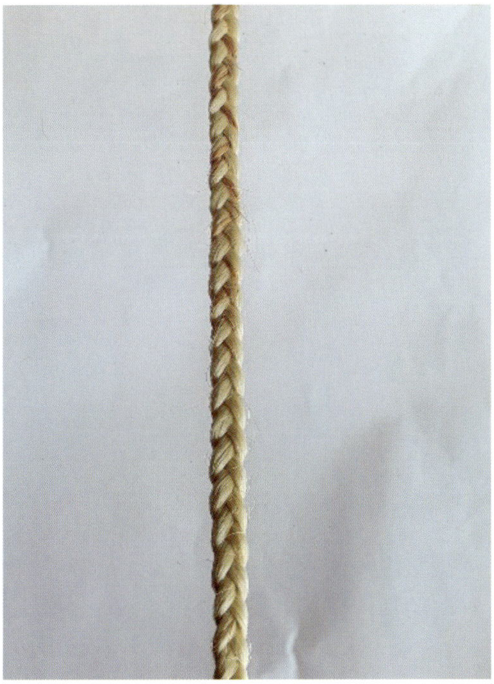	

1. 휴먼 브레이즈 제작과정

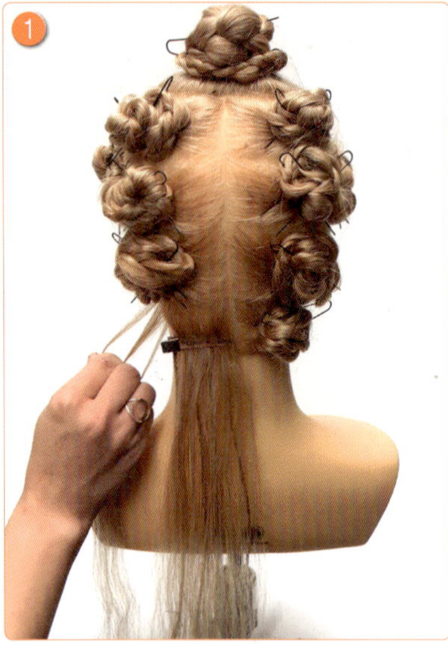

① 모발을 세가닥으로 나누어 잡는다.

② 가운데 모발 위로 좌·우 모발을 겹친다.

③ 중심 부분을 검지 손가락으로 누르면서 땋는다.

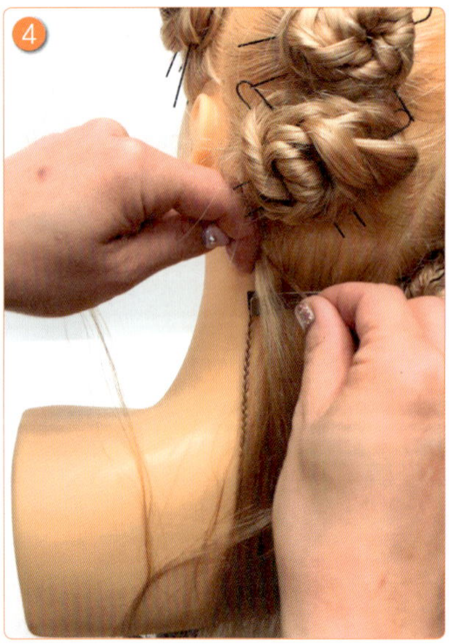

④ 좌·우 모발을 가운데로 겹치며 땋는다.

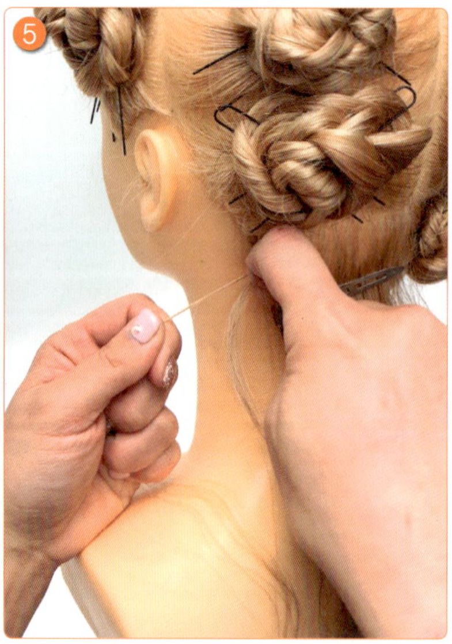

⑤ 텐션을 주면서 계속 땋는다.

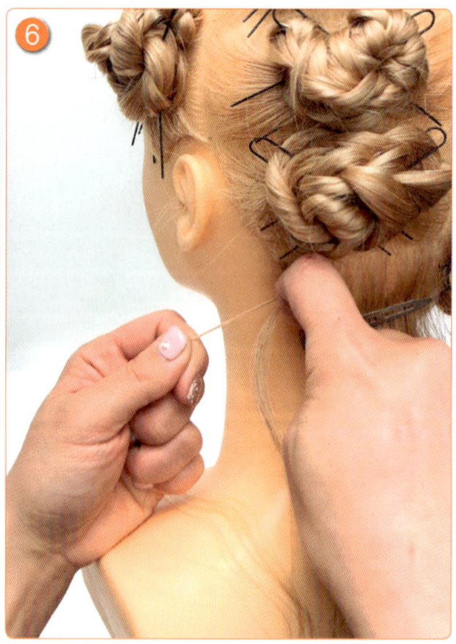

⑥ 좌 · 우 모발이 겹칠 때는 텐션을 주면서 땋는다.

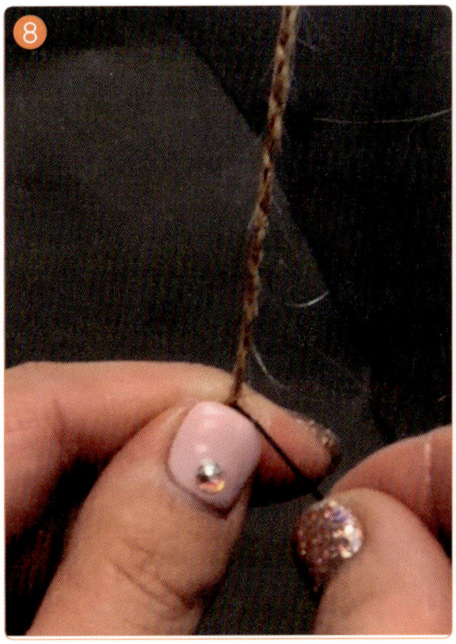

⑦ 끝 쪽이 엉키지 않도록 좌우로 결 정리를 하면서 땋는다.

⑧ 왼손 엄지 아래쪽으로 텐션을 주며 고무줄을 감는다.

⑨ 왼손 엄지 아래쪽으로 텐션을 주며 4회 감는다.

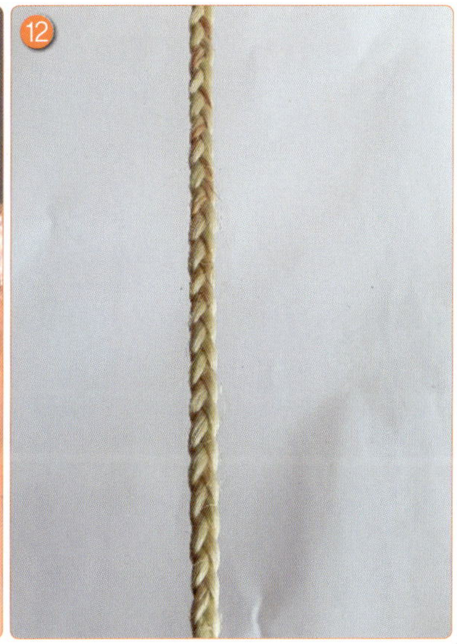

⑩ 4회 감고 2회 매듭을 만든다.

⑪ 왼손 엄지에 걸어둔 고무줄과 엮어서 매듭을 만든다.

⑫ 휴먼 브레이즈

<table>
<tr><th colspan="3">실습일지</th></tr>
<tr><td>제목</td><td colspan="2"></td></tr>
<tr><td>날짜</td><td colspan="2"></td></tr>
<tr><td colspan="3">과정이미지</td></tr>
<tr><td colspan="2">검색사진</td><td>검색사진</td></tr>
<tr><td colspan="2">인증사진</td><td>완성사진</td></tr>
</table>

실습과정		
설명		
실습과정		
설명		
실습과정		
설명		

2. 휴먼 트위스트

지식	1. 샴푸 시 미지근한 물로 가볍게 샴푸한다. 2. 브레이즈 시 뿌리에서 밀리지 않게 매듭하는 방법을 알고 있다. 3. 건조 시 두피 중심으로 말리며 모발은 온풍, 냉풍을 교대로 위에서 아래 방향으로 건조한다. 4. 고객의 모발이 떨어지는 방향에 잘 어울리게 시술해야 한다.
기술	1. 유지력을 높이기 위해 두피에 밀착하여 시술할 수 있다. 2. 효율적 작업을 위해 사전에 아프로 펌을 할 수 있다. 3. 다이렉트 아이론을 사용하여 사전 작업을 할 수 있다. 4. 두 가닥의 꼬임이 같아야하며 뿌리에서 밀리지 않게 매듭을 할 수 있다.
태도	1. 시술하기 전에 모발을 깨끗이 샴푸 후 건조시켜 작업을 시작한다. 2. 장시간 서비스에 신속하고 정확한 서비스를 할 수 있다. 3. 전체적인 균형과 구도를 이해하고 시술하는 태도를 갖는다. 4. 고객의 두피에 자극을 최소화하려는 자세를 갖는다. 5. 신속하고 정확한 서비스를 할 수 있다.
주의사항	1. 시술 시 옆 라인의 모발이 딸려오지 않도록 주의한다. 2. 시술 시 두피에 잘 밀착하여 들뜸이 없도록 주의한다. 3. 시술 시 두피 자극을 최소화 할 수 있도록 주의한다.
준비물	가위, 실고무줄, 핀셋, 꼬리빗

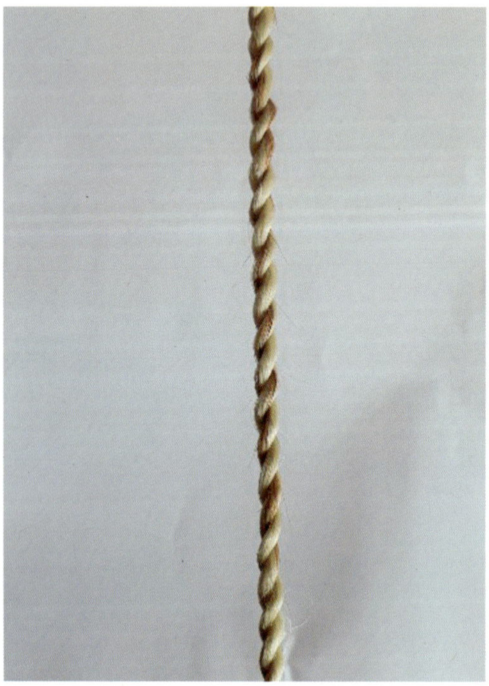

1. 휴먼 트위스트 제작과정

① 섹션을 정확하게 두 가닥으로 나누어 잡는다.

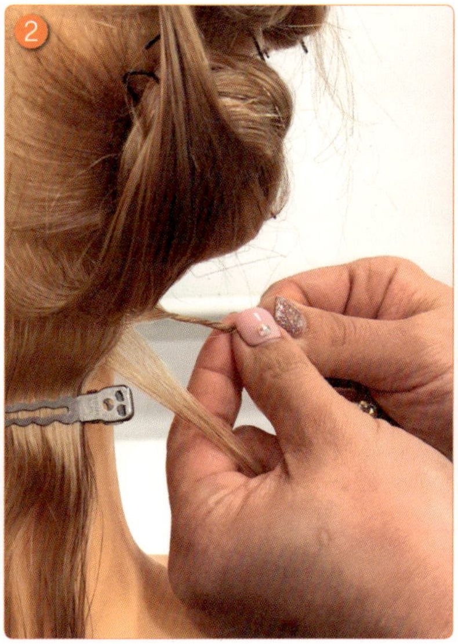

② 두 가닥 중 오른쪽 모발을 일정하게 꼬아준다.

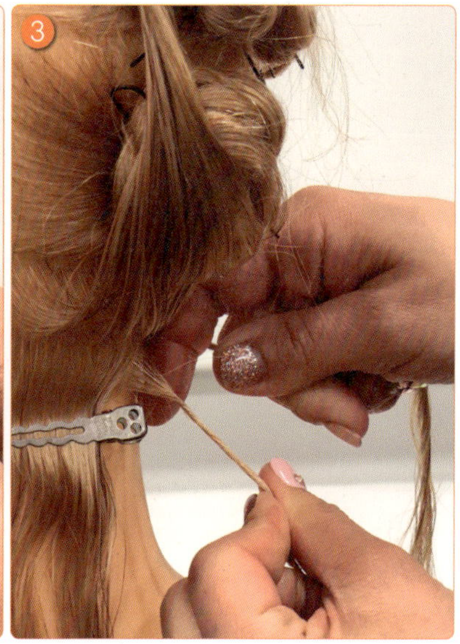

③ 꼬아진 모발을 오른손 검지로 누른다.

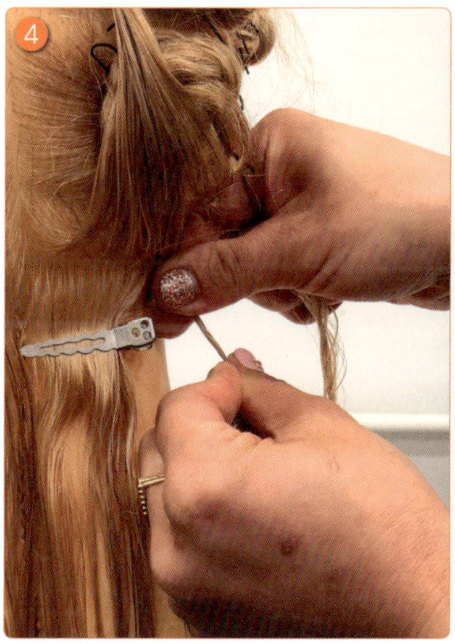

④ 오른손 검지로 누르며 왼쪽 가닥을 꼬아준다.

⑤ 두 가닥의 모발을 같이 잡아 시계방향으로 꼬아준다.

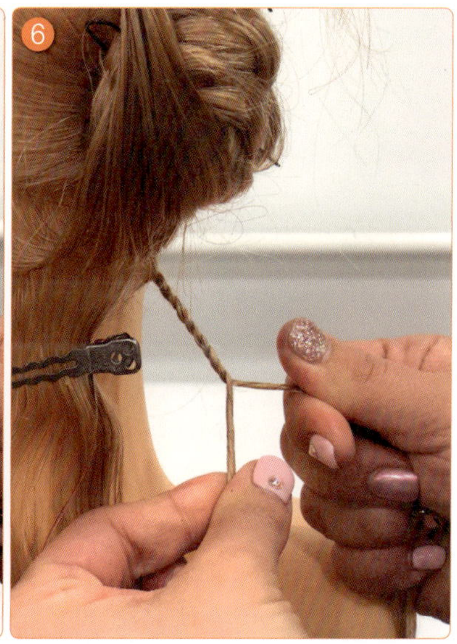

⑥ 뿌리가 돌아가지 않도록 주의하며 두 가닥을 꼬아 넘겨준다.

⑦ 꼬인 모발을 오른손으로 잡고 왼손으로 꼬아 넘겨준다.

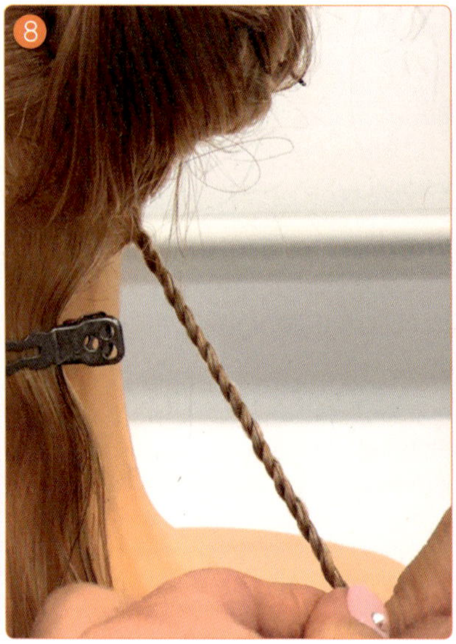

⑧ 텐션을 유지하며 엉킴 방지를 위해 양쪽으로 결 정리를 하면서 꼬기를 한다.

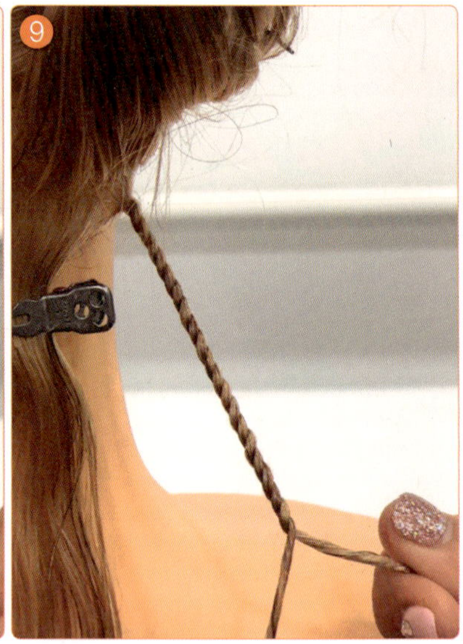

⑨ 텐션을 주며 빠르게 진행한다.

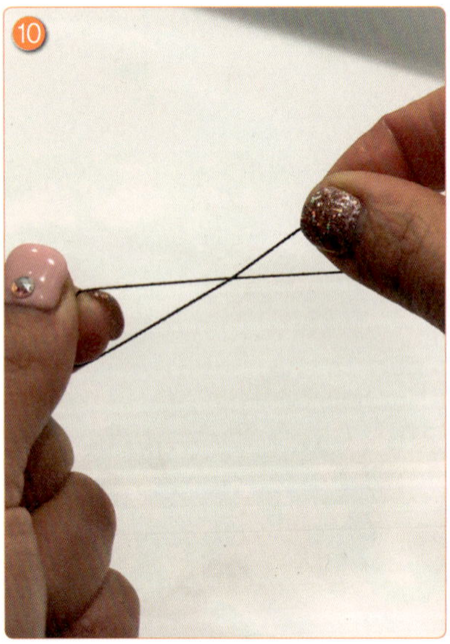

⑩ 왼손 엄지 아래쪽으로 텐션을 주며 4회 감는다.

⑪ 4회 이상 감은 후 2회 매듭 한다.

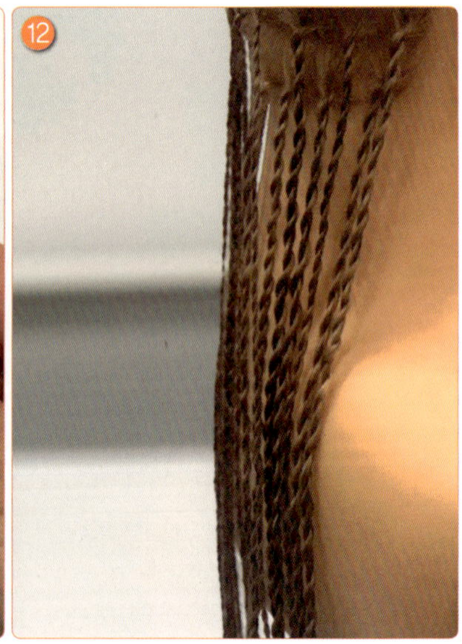

⑫ 휴먼 트위스트

실습일지		
제목		
날짜		
과정이미지		
검색사진		검색사진
인증사진		완성사진

실습과정		
설명		
실습과정		
설명		
실습과정		
설명		

3. 위그 브레이드 익스텐션

지식	1. 샴푸 시 미지근한 물로 가볍게 샴푸 한다. 2. 브레이즈 시 뿌리에서 밀리지 않게 매듭하는 방법을 알고 있다. 3. 건조 시 두피 중심으로 말리며 모발은 온풍, 냉풍을 교대로 위에서 아래 방향으로 건조한다. 4. 고객의 모발이 떨어지는 방향에 잘 어울리게 시술해야 한다.
기술	1. 3가닥 땋기의 텐션을 양쪽으로 펼쳐서 십자모양으로 할 수 있다. 2. 효율적 작업을 위해 사전에 아프로 펌을 할 수 있다. 3. 다이렉트 아이론을 사용하여 사전 작업을 할 수 있다. 4. 세 가닥의 꼬임이 같아야하며 뿌리에서 밀리지 않게 매듭을 할 수 있다.
태도	1. 시술하기 전에 모발을 깨끗이 샴푸 후 건조시켜 작업을 시작한다. 2. 장시간 서비스에 신속하고 정확한 서비스를 할 수 있다. 1인 시술시간 : 7시간 3. 전체적인 균형과 구도를 이해하고 시술하는 태도를 갖는다. 4. 고객의 두피에 자극을 최소화하려는 자세를 갖는다. 5. 신속하고 정확한 서비스를 할 수 있다.
주의 사항	1. 시술 시 옆 라인의 모발이 딸려오지 않도록 주의한다. 2. 시술 시 두피에 잘 밀착하여 들뜸이 없도록 주의한다. 3. 시술 시 두피 자극을 최소화 할 수 있도록 주의한다.
준비물	레게원사, 실고무줄, 가위, 라이터, 꼬리빗, 핀셋
	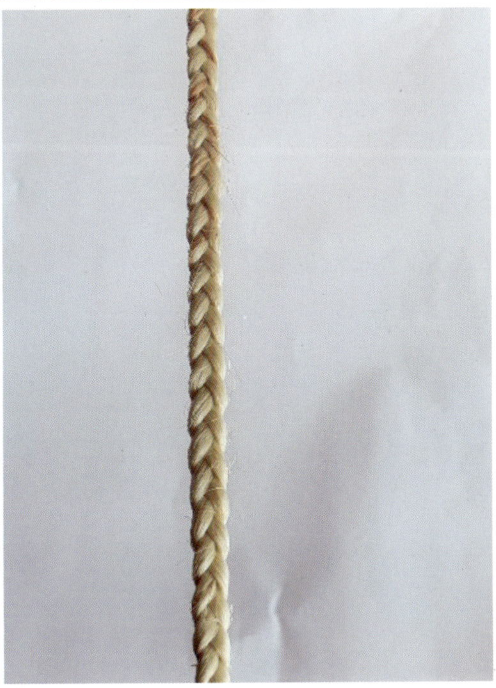 

1. 위그 브레이드 익스텐션 제작과정

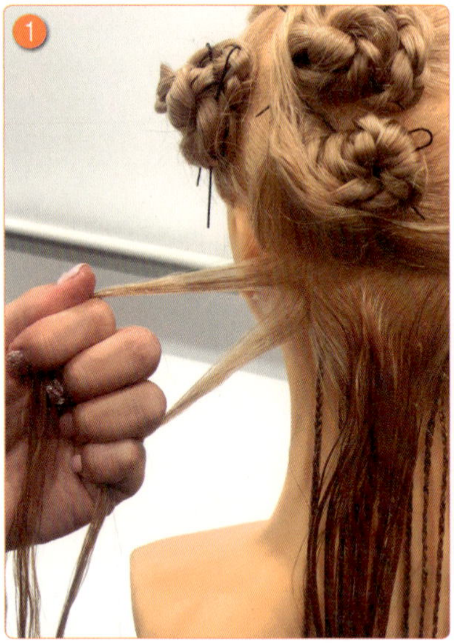

① 섹션은 가로로 이등분 한다.

② 가로로 이등분된 모발에 위그를 넣어 엮어준다.

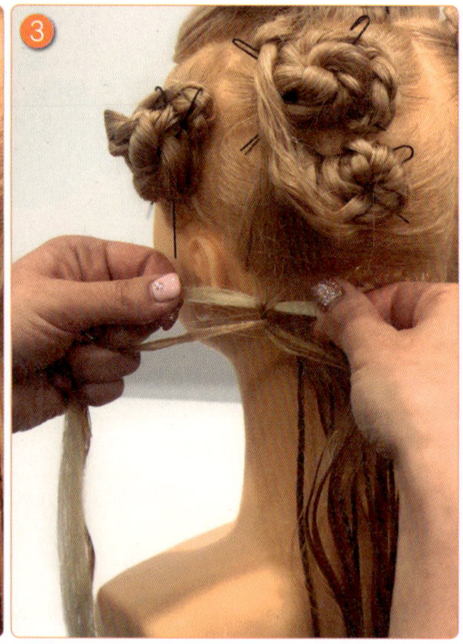

③ 섹션 아래 모발은 위로 위 모발은 아래로 서로 교차 시킨다.

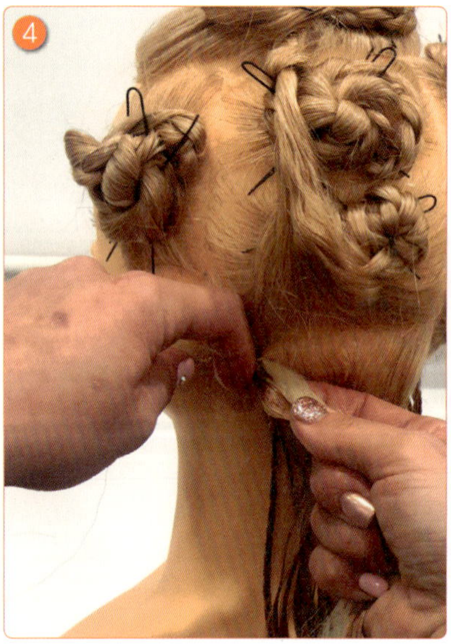

④ 왼손 검지로 누르며 양쪽 모발의 3/1을 가운데로 보내면서 엮는다.

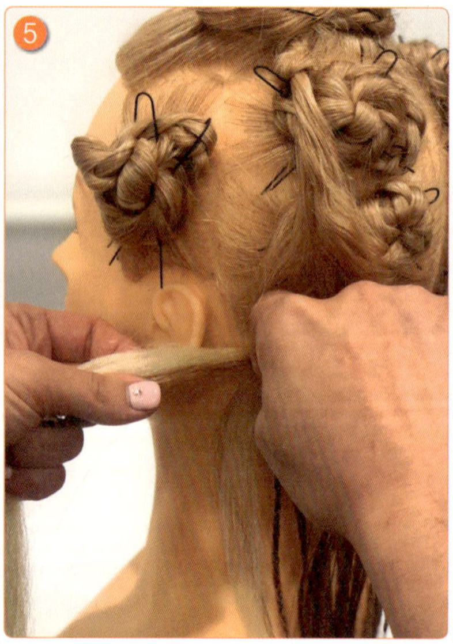

⑤ 검지로 누르면서 가운데 모발 위로 우측 모발을 겹친다.

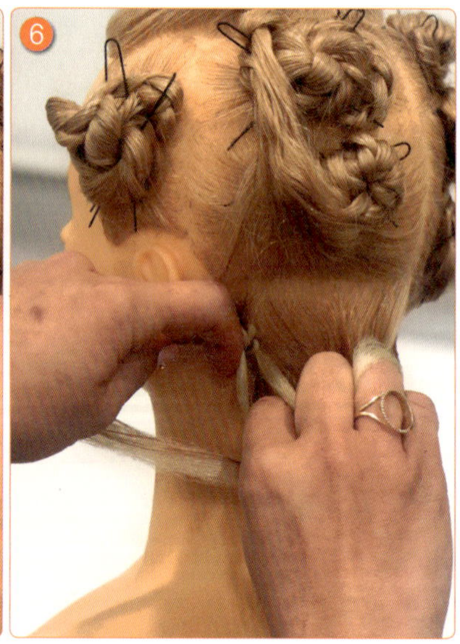

⑥ 양쪽 모발에 위그를 가운데로 보내고 왼손으로 잡는다.

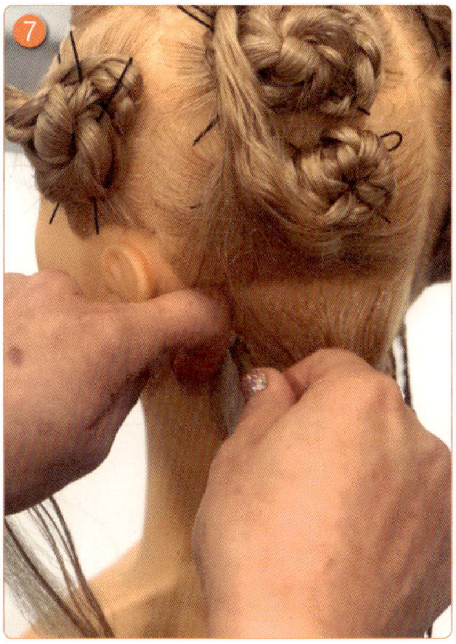

⑦ 가운데 모발 위로 우측 모발을 겹친다.

⑧ 가운데 모발 위로 우측 모발을 겹친다.

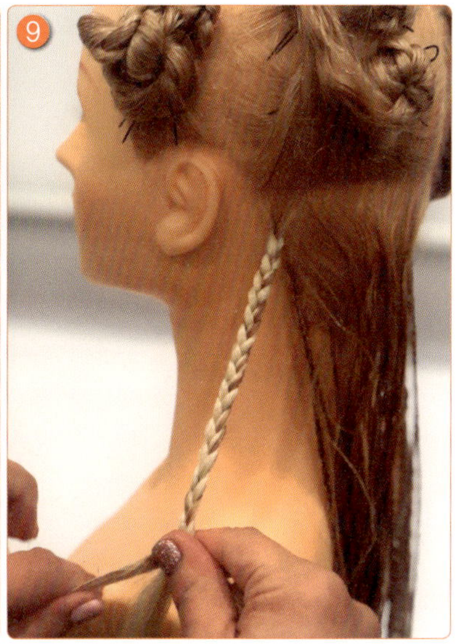

⑨ 좌우로 결 정리를 하면서 세가닥으로 땋는다.

⑩ 끝까지 땋은 후 열로 표면을 녹여준다.

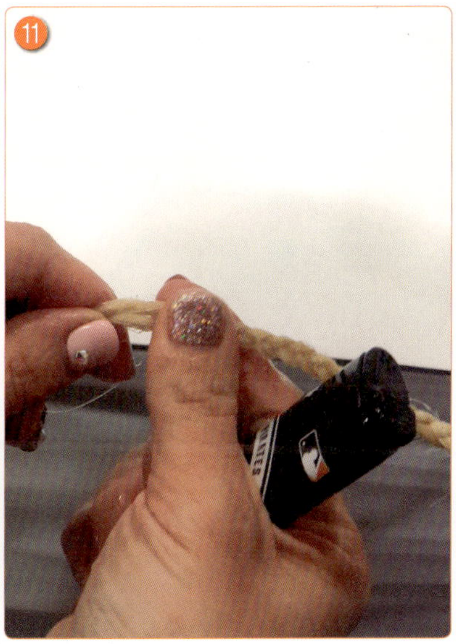

⑪ 검지와 엄지로 눌러서 마무리한다.

⑫ 위그 브레이드 익스텐션

<table>
<tr><th colspan="2">실습일지</th></tr>
<tr><td>제목</td><td></td></tr>
<tr><td>날짜</td><td></td></tr>
<tr><th colspan="2">과정이미지</th></tr>
<tr><td>검색사진</td><td>검색사진</td></tr>
<tr><td>인증사진</td><td>완성사진</td></tr>
</table>

실습과정		
설명		
실습과정		
설명		
실습과정		
설명		

4. 위그 트위스트 익스텐션

지식	1. 샴푸 시 미지근한 물로 가볍게 샴푸하며 모발은 샴푸 거품을 만들어서 사용한다. 2. 브레이즈 시 뿌리에서 밀리지 않게 매듭하는 방법을 알고 있다. 3. 건조 시 두피 중심으로 말리며 모발은 온풍, 냉풍을 교대로 위에서 아래 방향으로 건조한다. 4. 고객의 모발이 떨어지는 방향에 잘 어울리게 시술해야 한다.
기술	1. 두가닥의 꼬임과 텐션을 일정한 모양으로 할 수 있다. 2. 효율적 작업을 위해 사전에 아프로 펌을 할 수 있다. 3. 다이렉트 아이론을 사용하여 사전 작업을 할 수 있다. 4. 두 가닥의 꼬임이 같아야 하며 뿌리에서 밀리지 않게 매듭을 할 수 있다.
태도	1. 시술하기 전에 모발을 깨끗이 샴푸 후 건조시켜 작업을 시작한다. 2. 장시간 서비스1인 시술시간: 4시간의 일관성을 유지할 수 있다. 3. 시술 시 옆 라인의 모발이 딸려오지 않도록 주의한다.
주의 사항	1. 시술 시 옆 라인의 모발이 딸려오지 않도록 주의한다. 2. 시술 시 두피에 잘 밀착하여 들뜸이 없도록 주의한다. 3. 시술 시 두피 자극을 최소화 할 수 있도록 주의한다. 4. 손목을 많이 돌리거나 양옆으로 텐션이 강하면 뿌리 부분이 돌아가 고객이 아플 수 있으니 주의한다.
준비물	레게 원사, 실고무줄, 가위, 꼬리빗.
	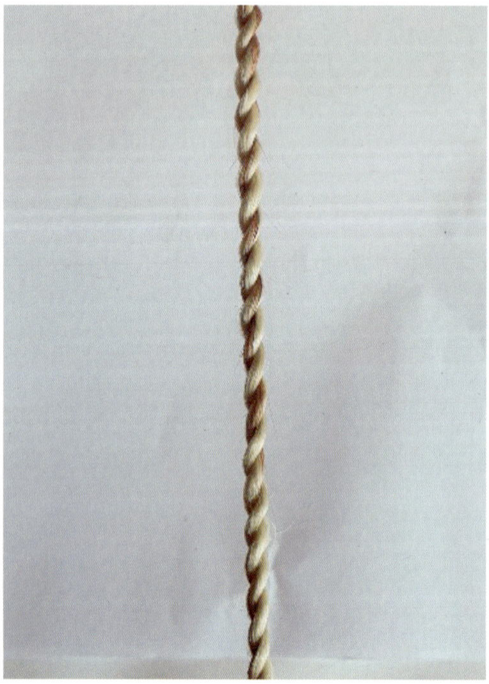 

1. 위그 트위스트 익스텐션 제작과정

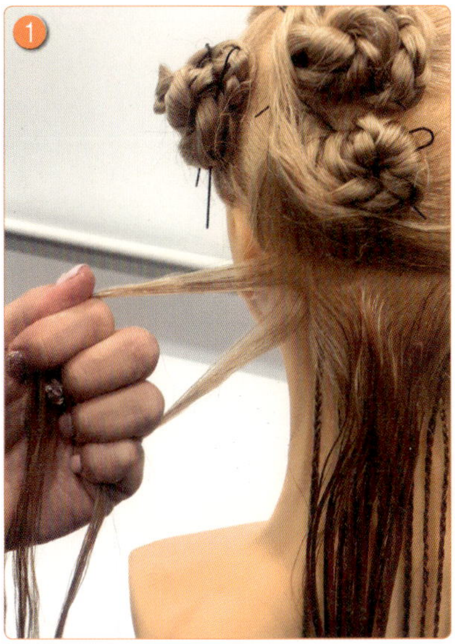

① 섹션을 가로로 나누어 잡는다. 가로, 세로 2cm내외

② 레게 원사를 왼손 중지에 걸고, 오른손 검지·엄지로 아래 모발을 잡는다.

③ 오른손 중지가 왼손 검지·엄지에 있는 모발을 걸어 잡는다.

④ 왼손 검지로 밀착시키면서 오른쪽을 일정하게 꼬아준다.

⑤ 오른손 검지로 두피에 밀착시키며 왼쪽의 모발을 시계 방향으로 꼬아준다.

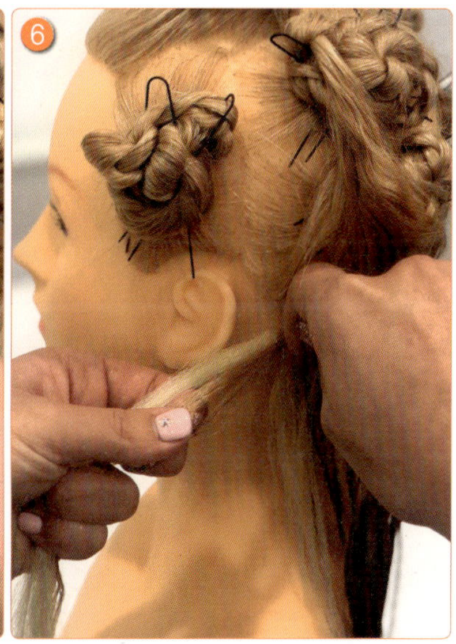

⑥ 시계 방향으로 일정하게 꼬아준다.

⑦ 양쪽의 꼬임을 균일하게 한다.

⑧ 꼬아진 모발을 텐션을 주면서 두 가닥 꼬기를 한다.

⑨ 텐션을 유지하며 엉킴방지를 위해 양쪽으로 벌리면서 꼬기를 한다.

⑩ 왼손 엄지 아래쪽으로 텐션을 주며 4회 감는다.

⑪ 4회 감고 2회 매듭한다.

⑫ 위그 브레이드 익스텐션

<table>
<tr><th colspan="2">실습일지</th></tr>
<tr><td>제목</td><td></td></tr>
<tr><td>날짜</td><td></td></tr>
<tr><th colspan="2">과정이미지</th></tr>
<tr><td>검색사진</td><td>검색사진</td></tr>
<tr><td>인증사진</td><td>완성사진</td></tr>
</table>

실습과정		
설명		
실습과정		
설명		
실습과정		
설명		

5. 얀 트위스트 익스텐션

지식	1 샴푸 시 미지근한 물로 가볍게 샴푸하며 모발은 샴푸 거품을 만들어서 사용한다. 2 브레이즈 시 뿌리에서 밀리지 않게 매듭하는 방법을 알고 있다. 3 건조 시 두피 중심으로 말리며 모발은 온풍, 냉풍을 교대로 위에서 아래 방향으로 건조한다. 4 고객의 모발이 떨어지는 방향에 잘 어울리게 시술해야 한다.
기술	1 유지력을 높이기 위해 두피에 밀착하여 시술할 수 있다. 2 효율적 작업을 위해 사전에 아프로 펌을 할 수 있다. 3 다이렉트 아이론을 사용하여 사전 작업을 할 수 있다. 4 두 가닥의 꼬임이 같아야하며 뿌리에서 밀리지 않게 매듭을 할 수 있다.
태도	1 시술하기 전에 모발을 깨끗이 샴푸 후 건조시켜 작업을 시작한다. 2 장시간 서비스에 신속하고 정확한 서비스를 할 수 있다. 3 전체적인 균형과 구도를 이해하고 시술하는 태도를 갖는다. 4 고객의 두피에 자극을 최소화하려는 자세를 갖는다. 5 신속하고 정확한 서비스를 할 수 있다.
주의 사항	1 시술 시 옆 라인의 모발이 딸려오지 않도록 주의한다. 2 시술 시 두피에 잘 밀착하여 들뜸이 없도록 주의한다. 3 시술 시 두피 자극을 최소화 할 수 있도록 주의한다.
준비물	얀털실, 가위, 꼬리빗, 핀셋, 실고무줄
	 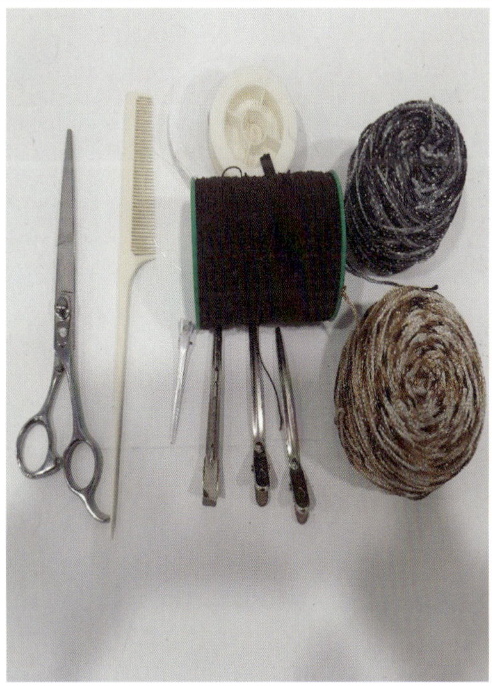

1. 얀 트위스트 익스텐션 제작과정

① 섹션을 가로로 나누어 잡는다.

가로, 세로 2cm 내외

② 얀을 왼손 중지에 걸고, 오른손 검지·엄지로 아래 모발을 잡는다.

③ 오른손 중지가 왼손 검지·엄지에 있는 모발을 걸어 잡는다.

④ 섹션 아래 모발은 위로 위 모발은 아래로 서로 교차시킨다.

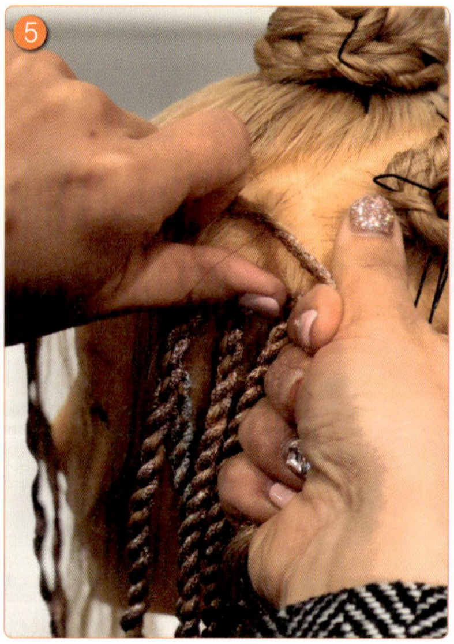

⑤ 왼손 검지로 누르면서 오른쪽 두 가닥을 시계 방향으로 일정하게 꼬아준다.

⑥ 두 가닥 뿌리 쪽을 시계 방향으로 일정하게 꼬아준다.

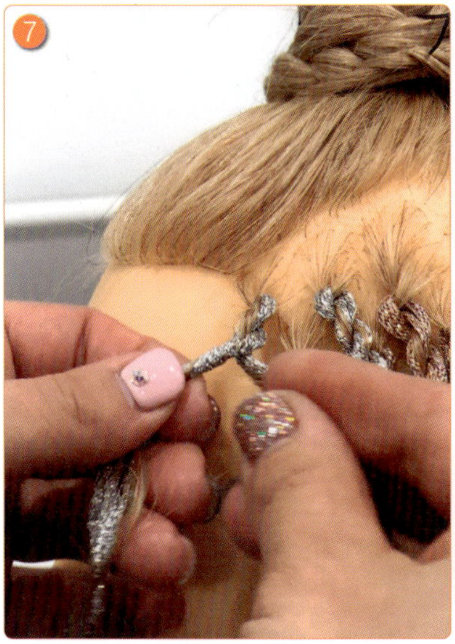

⑦ 꼬아진 모발을 반으로 갈라서 두 가닥 꼬기를 한다.

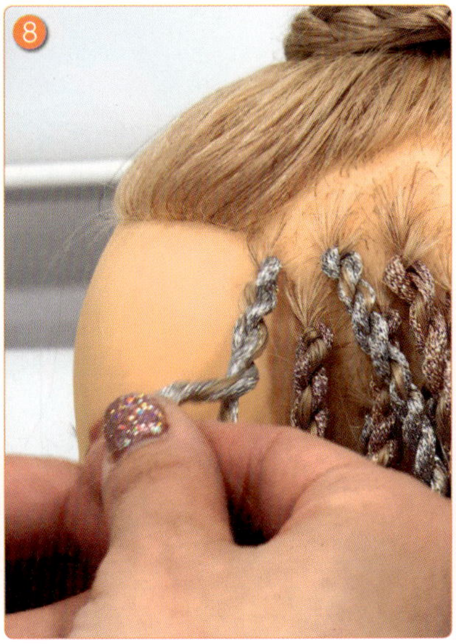

⑧ 중지에 걸어 왼쪽으로 넘긴 모습이다.

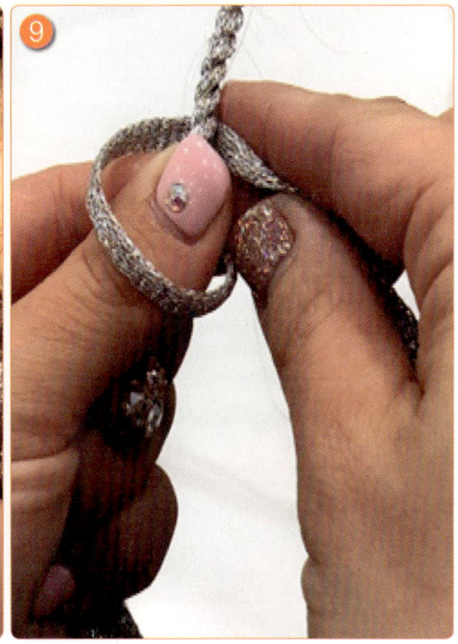

⑨ 다 땋은 후 얀 한줄을 이용해 땋여진 왼쪽으로 돌려 고리를 만든다.

⑩ 왼쪽으로 돌려 만든 고리에 얀 끝을 넣어 당겨 고정시킨다.

⑪ 완성한 모습

⑫ 얀 트위스트 익스텐션

실습일지	
제목	
날짜	
과정이미지	
검색사진	검색사진
인증사진	완성사진

실습과정		
설명		
실습과정		
설명		
실습과정		
설명		

6. 얀 브레이드 익스텐션

지식	1. 샴푸 시 두피를 심하게 문지르면 엉킴의 원인이 되므로 미지근한 물로 가볍게 샴푸하며 모발은 샴푸 거품을 만들어서 사용한다. 2. 브레이즈 시 뿌리에서 밀리지 않게 매듭하는 방법을 알고 있다. 3. 건조 시 두피 중심으로 말리며 모발은 온풍, 냉풍을 교대로 위에서 아래 방향으로 건조한다. 4. 고객의 모발이 떨어지는 방향에 잘 어울리게 시술해야 한다.	
기술	1. 얀 브레이드는 무겁기 때문에 섹션을 2cm 이상으로 잡아 시술한다. 2. 효율적 작업을 위해 사전에 아프로 펌을 할 수 있다. 3. 다이렉트 아이론을 사용하여 사전 작업을 할 수 있다. 4. 두 가닥의 꼬임이 같아야하며 뿌리에서 밀리지 않게 매듭을 할 수 있다.	
태도	1. 시술하기 전에 모발을 깨끗이 샴푸 후 건조시켜 작업을 시작한다. 2. 장시간 서비스에 신속하고 정확한 서비스를 할 수 있다. 3. 전체적인 균형과 구도를 이해하고 시술하는 태도를 갖는다. 4. 고객의 두피에 자극을 최소화하려는 자세를 갖는다. 5. 신속하고 정확한 서비스를 할 수 있다.	
주의 사항	1. 시술 시 옆 라인의 모발이 딸려오지 않도록 주의한다. 2. 시술 시 두피에 잘 밀착하여 들뜸이 없도록 주의한다. 3. 시술 시 두피 자극을 최소화 할 수 있도록 주의한다.	
준비물	얀털실, 실고무줄, 가위, 라이터, 꼬리빗, 핀셋	
		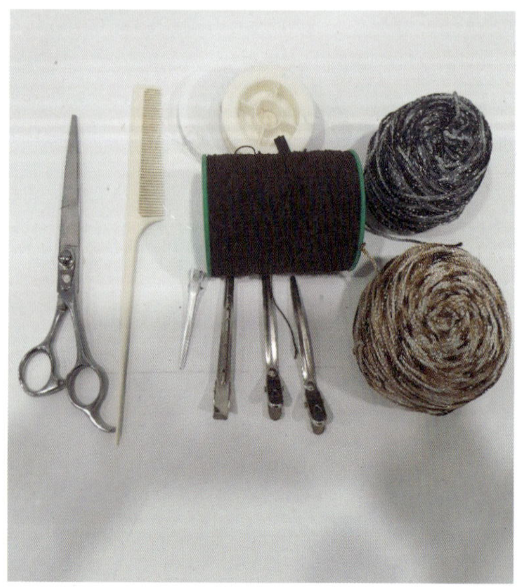

1. 얀 브레이드 익스텐션 제작과정

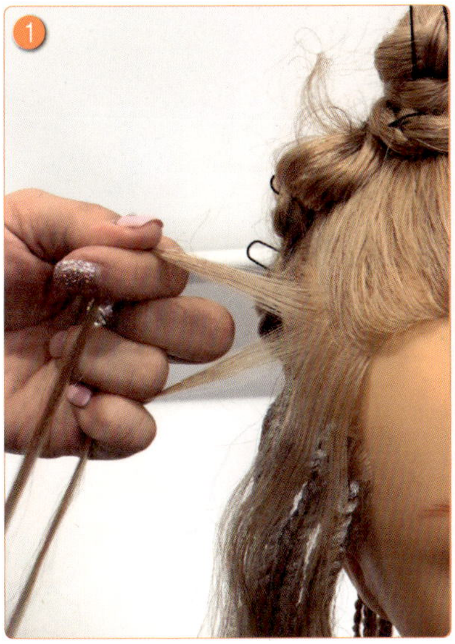

① 섹션을 가로로 나누어 잡는다.
2cm 내외

② 모발 길이 위 3배 길이로 얀을 준비한다. 가로로 이등분 된 모발에 얀을 넣어준다.

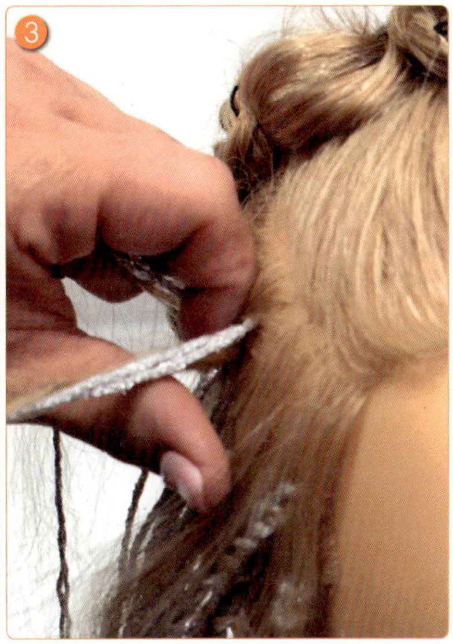

③ 섹션 아래 모발은 위로 위 모발은 아래로 서로 교차시킨다.

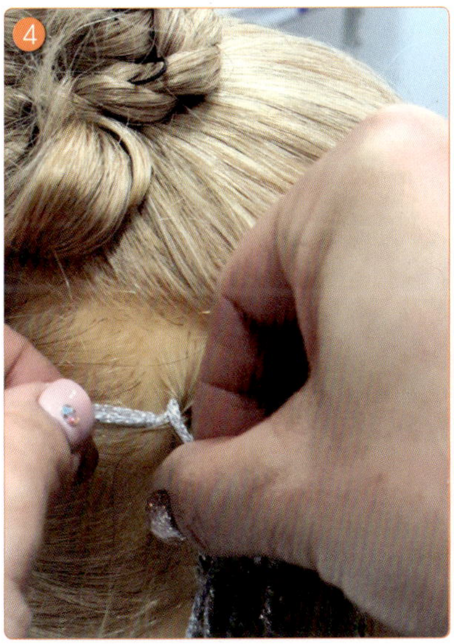

④ 오른손 검지로 누르면서 모발과 얀을 틀어서 잡는다.

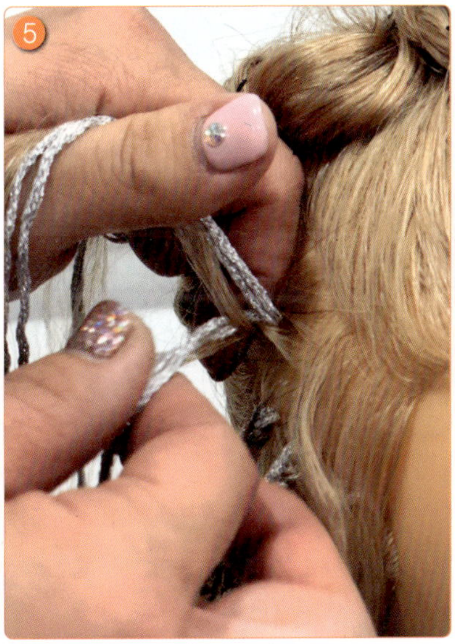

⑤ 왼손 검지로 누르면서 모발과 얀을 틀어서 잡는다. 좌측, 우측에서 모발의 ⅓과 얀 ⅓을 나누어 준다.

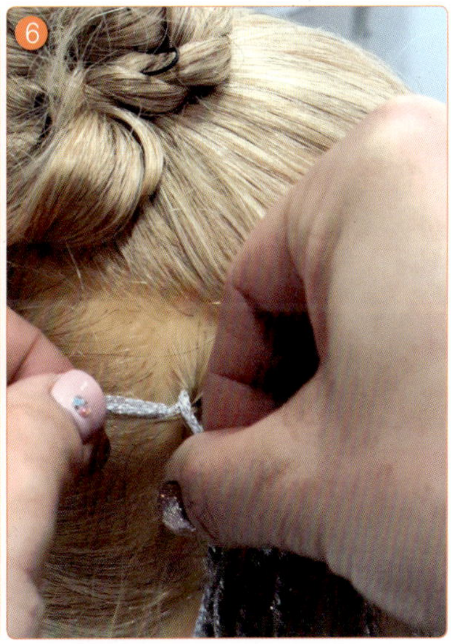

⑥ 두피에 밀착 되도록 가운데 모발 위로 우측 모발을 겹친다.

⑦ 오른손 검지로 누르면서 모발과 얀을 틀어서 잡는다. 두피에서 흘러내리지 않도록 1~2㎝ 정도 검지로 눌러준다.

⑧ 가운데 모발 위로 좌측·우측 모발을 교대로 겹친다. 겹치는 부분을 엄지로 눌러 느슨해지지 않도록 한다.

⑨ 계속해서 진행한다.

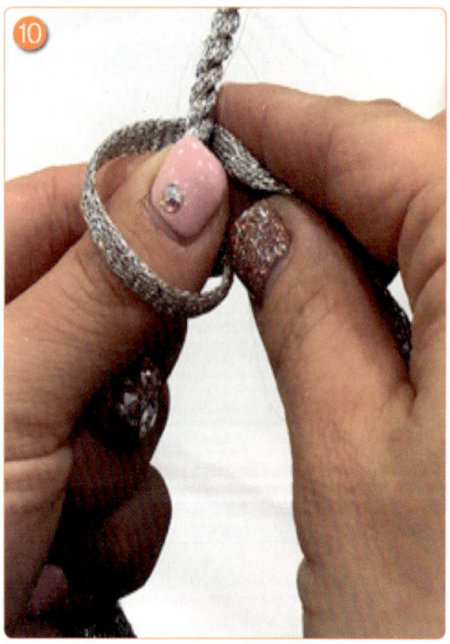

⑩ 왼손 엄지 위로 얀을 올려놓고 한 바퀴 돌린다.

⑪ 얀을 고리 사이로 넣어서 뺀 후 매듭을 짓는다.

⑫ 얀 브레이즈 익스텐션

<table>
<tr><th colspan="2">실습일지</th></tr>
<tr><td>제목</td><td></td></tr>
<tr><td>날짜</td><td></td></tr>
<tr><th colspan="2">과정이미지</th></tr>
<tr><td>검색사진</td><td>검색사진</td></tr>
<tr><td>인증사진</td><td>완성사진</td></tr>
</table>

실습과정		
설명		
실습과정		
설명		
실습과정		
설명		

7. 트윙클

지식	1. 샴푸 시 두피를 심하게 문지르면 엉킴의 원인이 되므로 미지근한 물로 가볍게 샴푸 한다. 2. 뿌리에서 밀리지 않게 매듭하는 방법을 알고 있다. 3. 건조 시 두피 중심으로 말리며 모발은 온풍, 냉풍을 교대로 위에서 아래 방향으로 건조한다. 4. 고객의 모발이 떨어지는 방향에 잘 어울리게 시술해야 한다.
기술	1. 뿌리에서 밀리지 않게 매듭을 할 수 있으며 두피에 밀착하여 시술할 수 있다. 2. 고객의 스타일링 디자인에 맞는 위치를 선정할 수 있다. 3. 드라이나 아이론을 사용하여 사전 작업을 할 수 있다.
태도	1. 시술하기 전에 모발을 깨끗이 샴푸 후 건조시켜 작업을 시작한다. 2. 신속하고 정확한 서비스를 할 수 있다. 3. 전체적인 균형과 구도를 이해하고 시술하는 태도를 갖는다. 4. 고객의 두피에 자극을 최소화하려는 자세를 갖는다.
주의 사항	1. 시술 시 옆 라인의 모발이 딸려오지 않도록 주의한다. 2. 시술 시 두피에 잘 밀착하여 들뜸이 없도록 주의한다. 3. 시술 시 두피 자극을 최소화 할 수 있도록 주의한다.
준비물	트윙클, 스킬 바늘, 꼬리빗, 핀셋
	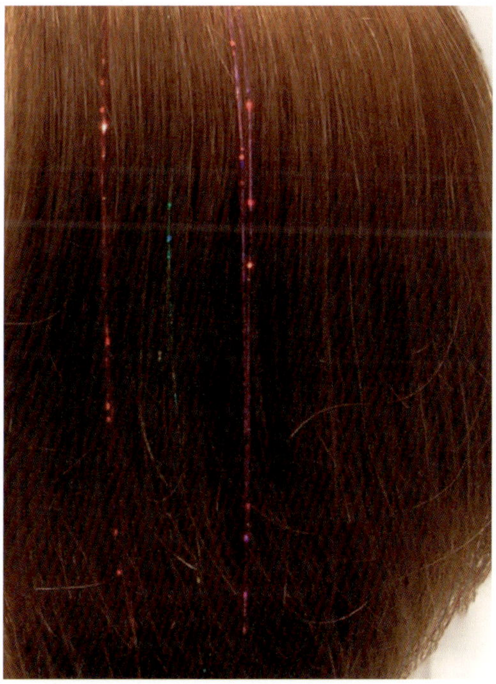 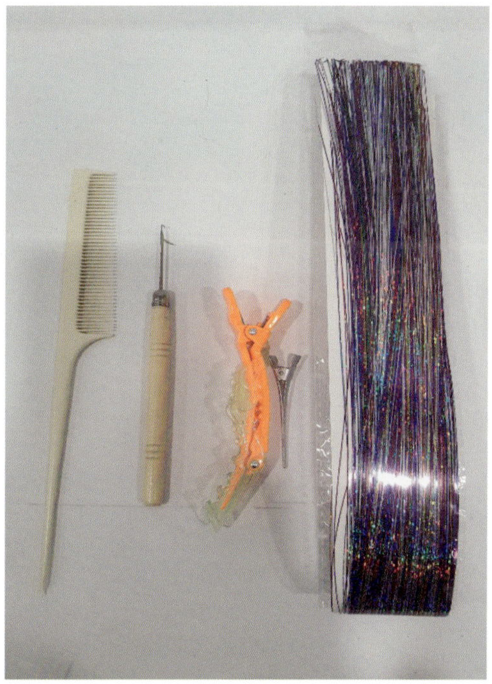

1. 트윙클 제작과정

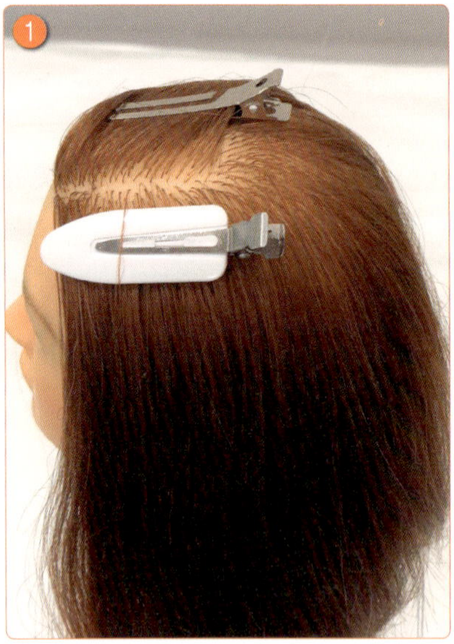

① 소량의 모발을 섹셔닝 한다.

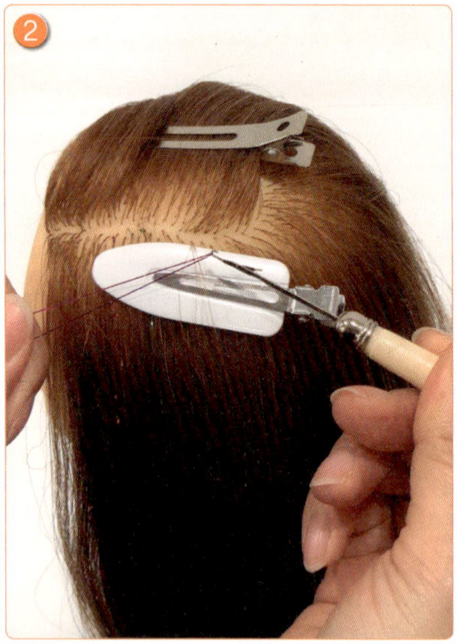

② 트윙클을 U자 모양으로 접어 스킬바늘에 걸어 놓는다.

③ 소량의 모발과 트윙클을 스킬바늘에 걸어준다.

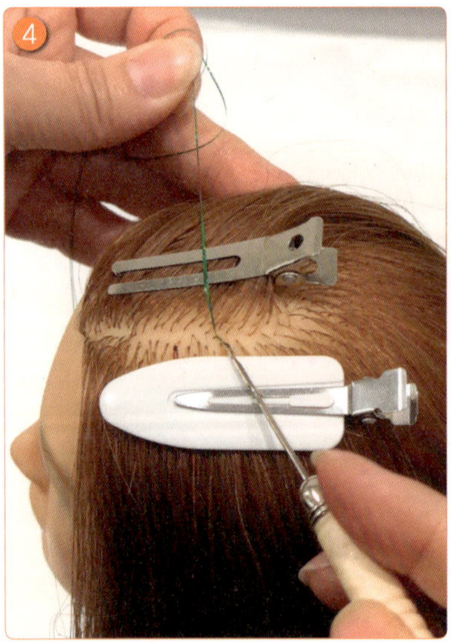

④ 모발과 트윙클은 위로 올려주고 스킬바늘은 6~7회 정도 돌려준다.

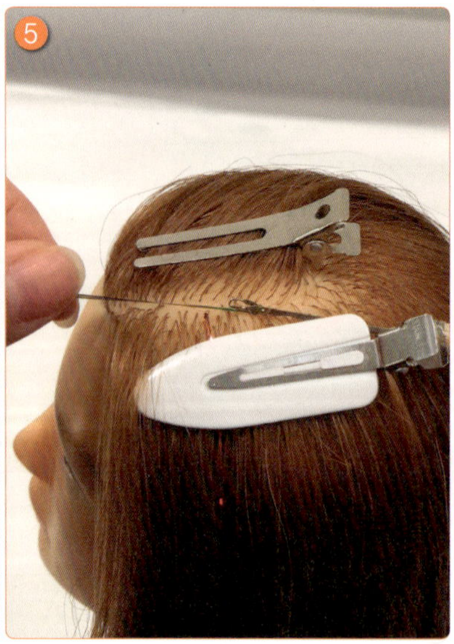

⑤ 모발과 트윙클을 고리에 돌려 준 후 스킬 바늘을 닫아준다.

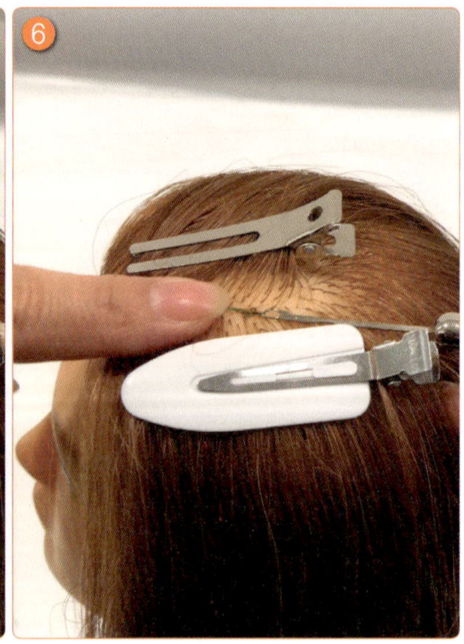

⑥ 힘을 빼고 스킬 바늘을 앞으로 밀어 넣어준다.

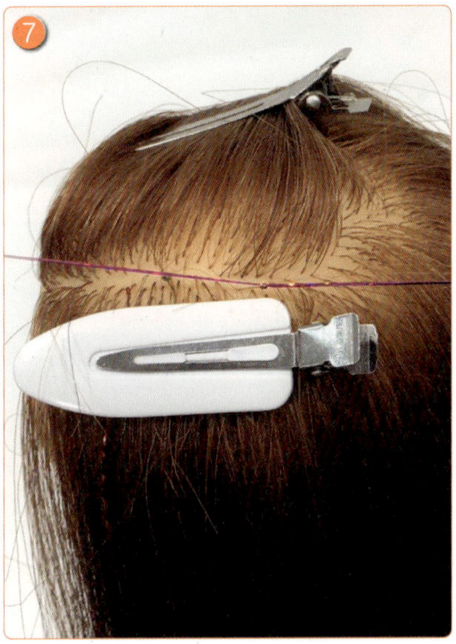

⑦ 끊어지지 않도록 힘을 뺀 후 매듭이 되도록 빼준다.

⑧ 트윙클

<table>
<tr><th colspan="2">실습일지</th></tr>
<tr><td>제목</td><td></td></tr>
<tr><td>날짜</td><td></td></tr>
<tr><th colspan="2">과정이미지</th></tr>
<tr><td>검색사진</td><td>검색사진</td></tr>
<tr><td>인증사진</td><td>완성사진</td></tr>
</table>

실습과정		
설명		
실습과정		
설명		
실습과정		
설명		

8. 노팁 투링 피스 익스텐션

지식	1. 샴푸 시 두피를 심하게 문지르면 엉킴의 원인이 되므로 미지근한 물로 가볍게 샴푸 한다. 2. 뿌리에서 밀리지 않게 매듭하는 방법을 알고 있다. 3. 건조 시 두피 중심으로 말리며 모발은 온풍, 냉풍을 교대로 위에서 아래 방향으로 건조한다. 4. 고객의 모발이 떨어지는 방향에 잘 어울리게 시술해야 한다. 5. 전체적인 균형과 구도를 이해하고 시술하는 태도를 갖는다.
기술	1. 유지력을 높이기 위해 두피에 밀착하여 시술할 수 있다. 2. 효율적 작업을 위해 사전에 드라이 시술을 할 수 있다.
태도	1. 시술하기 전에 모발을 깨끗이 샴푸 후 건조시켜 작업을 시작한다. 2. 장시간 서비스에 신속하고 정확한 서비스를 할 수 있다. 3. 고객의 두피에 자극을 최소화하려는 자세를 갖는다. 4. 신속하고 정확한 서비스를 할 수 있다.
주의 사항	1. 시술 시 옆 라인의 모발이 딸려오지 않도록 주의한다. 2. 시술 시 두피에 잘 밀착하여 들뜸이 없도록 주의한다. 3. 시술 시 두피 자극을 최소화 할 수 있도록 주의한다.
준비물	노팁 투링 피스, 링, 스킬바늘, 헤어피스용 집게, 가위, 핀셋, 꼬리빗
	 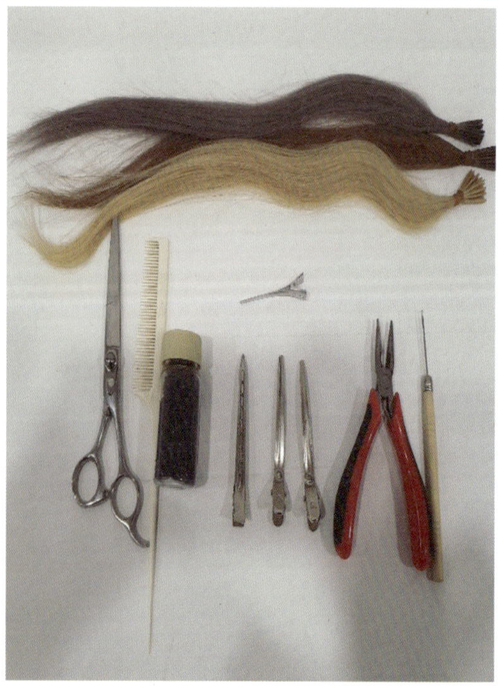

1. 노팁 투링 피스 익스텐션 제작과정

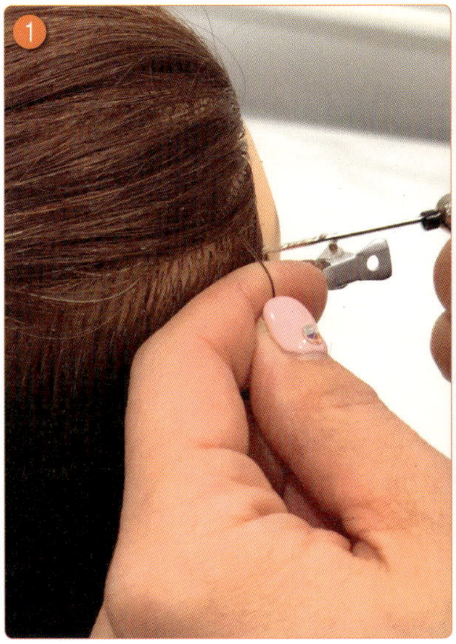

① 스킬 바늘에 링을 넣어 준비한다.

② 소량의 모발을 스킬 바늘을 사용하여 링 쪽으로 당겨준다.

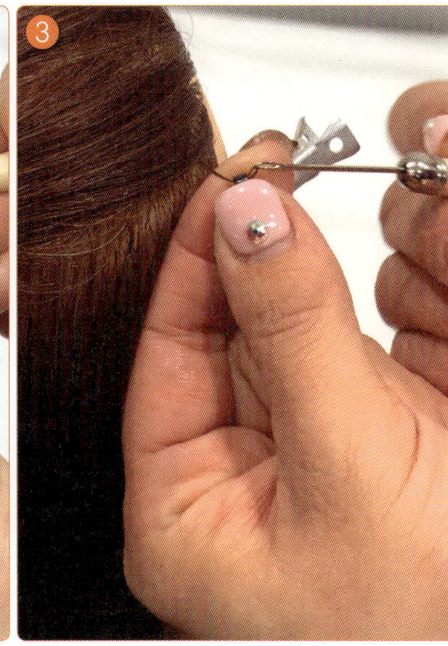

③ 링 사이로 모발을 빼낸다.

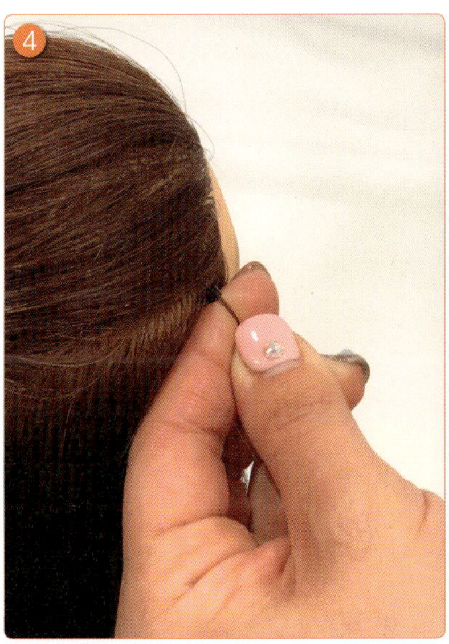

④ 링을 두피에 밀착한다.

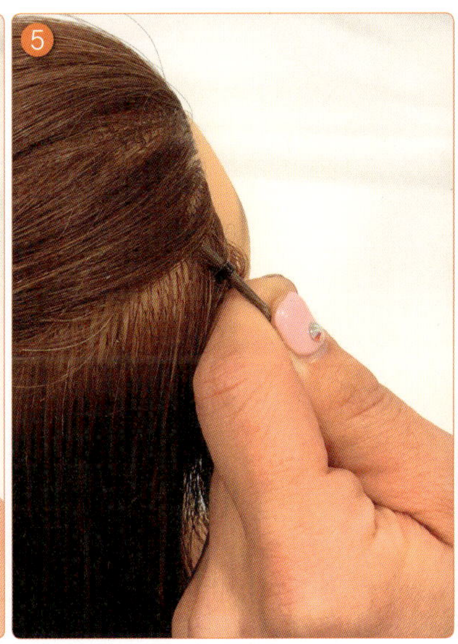

⑤ 헤어피스를 링 안에 넣고 두피 가까이 자리를 잡아 준다.

⑥ 헤어 피스용 집게 안쪽을 이용하여 강하게 눌러준다.

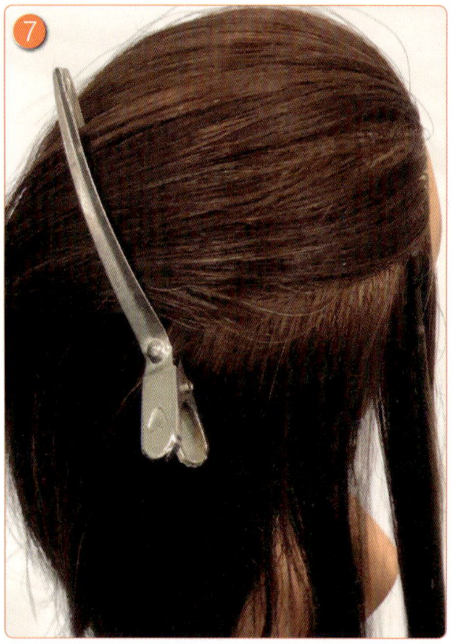

⑦ 링 피스를 익스텐션한 모습

⑧ 노팁 투 링피스 익스텐션

<table>
<tr><th colspan="2">실습일지</th></tr>
<tr><td>제목</td><td></td></tr>
<tr><td>날짜</td><td></td></tr>
<tr><th colspan="2">과정이미지</th></tr>
<tr><td>검색사진</td><td>검색사진</td></tr>
<tr><td>인증사진</td><td>완성사진</td></tr>
</table>

실습과정		
설명		
실습과정		
설명		
실습과정		
설명		

9. 쥬얼리 브레이드

지식	1. 샴푸 시 두피를 심하게 문지르면 엉킴의 원인이 되고 연결 부위가 느슨해 질 수 있으므로 미지근한 물로 가볍게 샴푸 한다. 2. 뿌리에서 밀리지 않게 매듭하는 방법을 알고 있다. 3. 건조 시 두피 중심으로 말리며 모발은 온풍, 냉풍을 교대로 위에서 아래 방향으로 건조한다. 4. 고객의 모발이 떨어지는 방향에 잘 어울리게 시술해야 한다.
기술	1. 유지력을 높이기 위해 두피에 밀착하여 시술할 수 있다. 2. 효율적 작업을 위해 사전에 드라이를 할 수 있다. 3. 고객의 스타일링 디자인에 맞는 위치를 선정할 수 있다.
태도	1. 시술하기 전에 모발을 깨끗이 샴푸 후 건조시켜 작업을 시작한다. 2. 신속하고 정확한 서비스를 할 수 있다. 3. 전체적인 균형과 구도를 이해하고 시술하는 태도를 갖는다. 4. 고객의 두피에 자극을 최소화하려는 자세를 갖는다.
주의 사항	1. 시술 시 옆 라인의 모발이 딸려오지 않도록 주의한다. 2. 시술 시 두피에 잘 밀착하여 들뜸이 없도록 주의한다. 3. 시술 시 두피 자극을 최소화 할 수 있도록 주의한다.
준비물	쥬얼리, 낚시줄, 꼬리빗, 핀셋, 가위, 실고무줄
	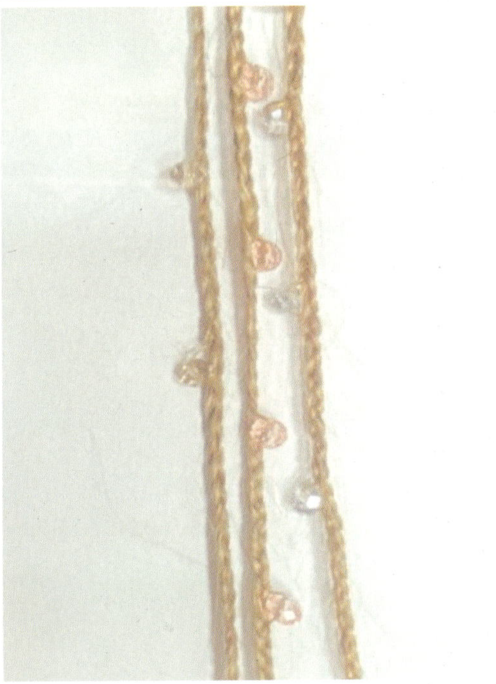 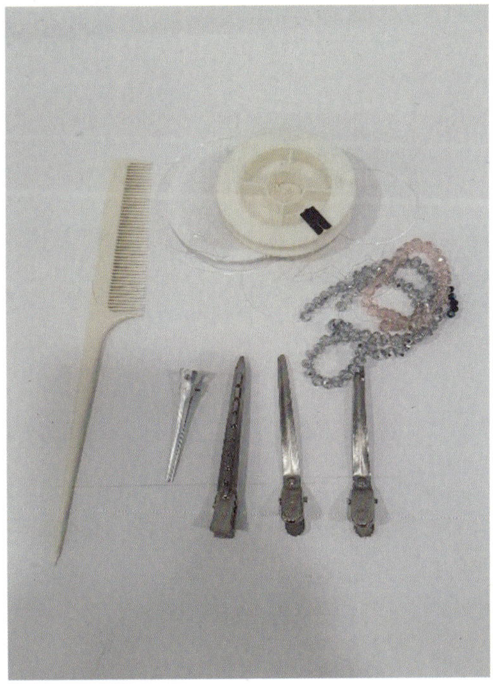

1. 쥬얼리 브레이드 제작과정

① 시술 위치를 선정 후 섹션을 3가닥으로 나눈다.

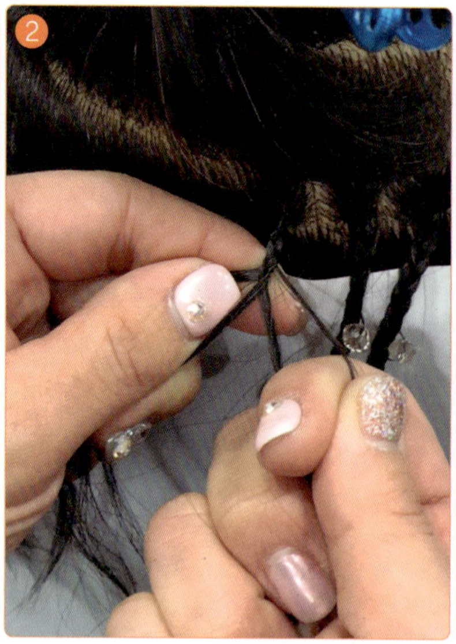

② 3가닥으로 7~8㎝ 정도 땋은 후 소량의 모발을 분리한다.

③ 낚시줄의 비즈 고리에 소량의 모발을 넣어준다.

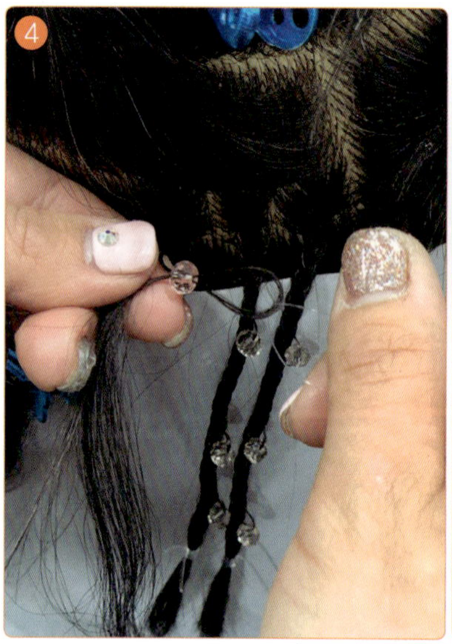

④ 낚시줄의 비즈를 모발에 옮겨준다.

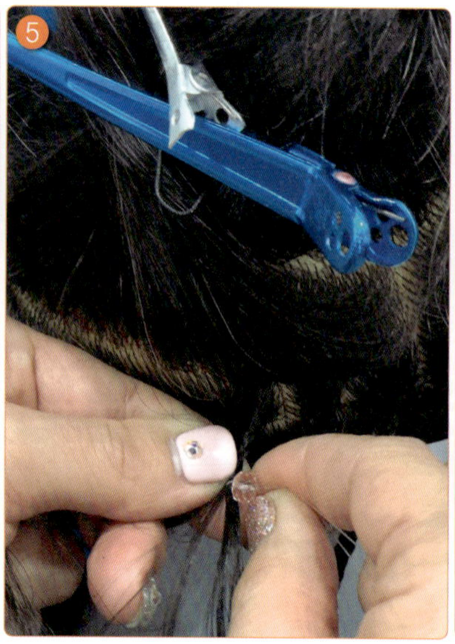

⑤ 비즈가 모발에 옮겨지면 엄지와 검지로 잡아 비즈가 움직이지 않도록 한다.

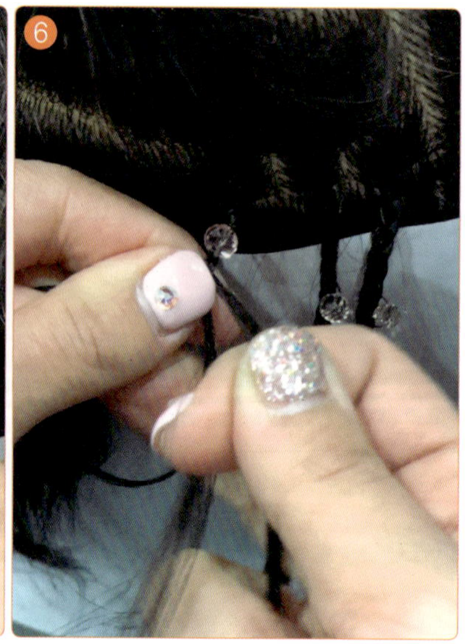

⑥ 비즈를 넣은 모발을 기존의 모발과 함께 잡아준다.

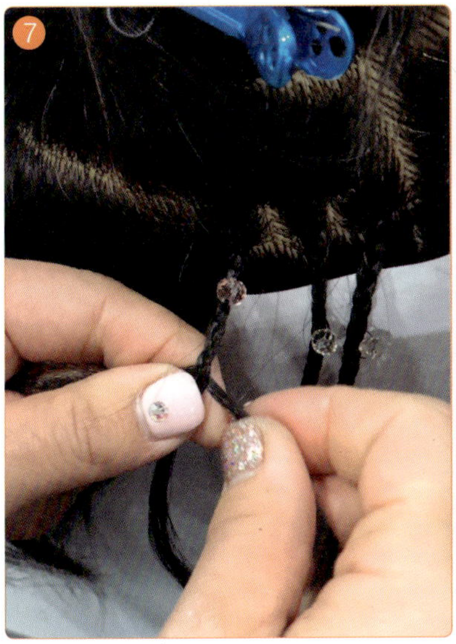

⑦ 텐션을 유지하며 세가닥 땋기를 진행한다.

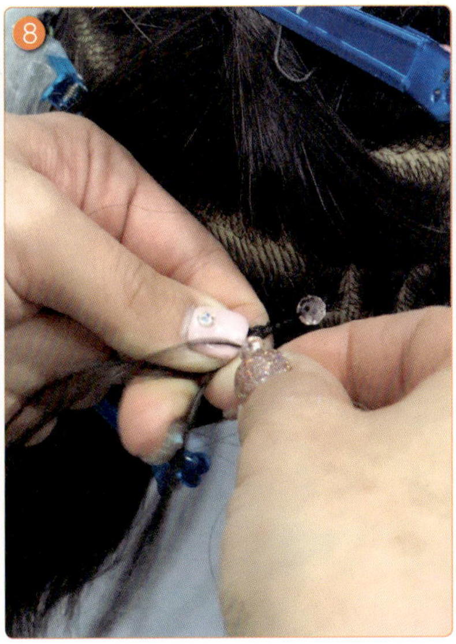

⑧ 7~8㎝ 땋은 후 다시 비즈를 넣는다.

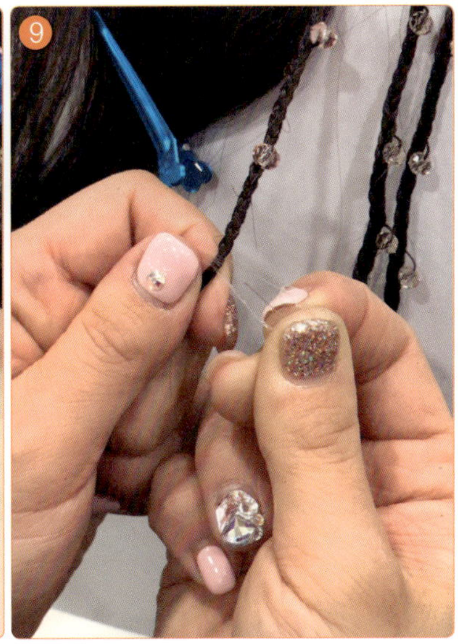

⑨ 실리콘 고무줄을 이용하여 3회 돌려준다.

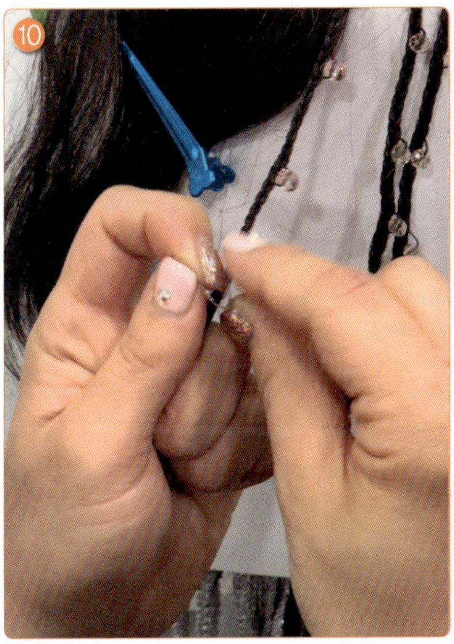

⑩ 돌린 실리콘 고무줄로 고리를 만든 후 고무줄 끝을 넣어준다.

⑪ 고무줄 양끝을 당겨 매듭을 지어준다. 2회 반복하여 단단히 고정한다.

⑫ 쥬얼리 브레이드

<table>
<tr><th colspan="2">실습일지</th></tr>
<tr><td>제목</td><td></td></tr>
<tr><td>날짜</td><td></td></tr>
<tr><th colspan="2">과정이미지</th></tr>
<tr><td>검색사진</td><td>검색사진</td></tr>
<tr><td>인증사진</td><td>완성사진</td></tr>
</table>

실습과정		
설명		
실습과정		
설명		
실습과정		
설명		

10. 루비안 드레드

지식	1. 샴푸 시 두피를 심하게 문지르면 엉킴의 원인이 되므로 미지근한 물로 가볍게 샴푸하는 방법을 알고 있다. 2. 브레이즈 시 뿌리에서 밀리지 않게 매듭하는 방법을 알고 있다. 3. 건조 시 두피 중심으로 말리며 모발은 온풍, 냉풍을 교대로 위에서 아래 방향으로 건조하는 방법을 알고 있다. 4. 고객의 모발이 떨어지는 방향에 잘 어울리게 시술하는 방법을 알고 있다.
기술	1. 유지력을 위해 두피에 밀착하여 시술할 수 있다. 2. 효율적 작업을 위해 사전에 아프로 펌을 할 수 있다. 3. 다이렉트 아이론을 사용하여 사전 작업을 할 수 있다. 4. 꼬임이 쳐지지 않고 뿌리에서 밀리지 않게 매듭을 할 수 있다.
태도	1. 시술하기 전에 모발을 깨끗이 샴푸 후 건조시켜 작업을 시작한다. 2. 장시간 서비스에 신속하고 정확한 서비스를 할 수 있다. 3. 전체적인 균형과 구도를 이해하고 시술하는 태도를 갖는다. 4. 고객의 두피에 자극을 최소화하려는 자세를 갖는다. 5. 신속하고 정확한 서비스를 할 수 있다.
주의 사항	1. 시술 시 옆 라인의 모발이 딸려오지 않도록 주의한다. 2. 시술 시 두피에 잘 밀착하여 들뜸이 없도록 주의한다. 3. 시술 시 두피 자극을 최소화 할 수 있도록 주의한다.
준비물	레게원사, 실고무줄, 가위, 라이터, 꼬리빗, 핀셋
	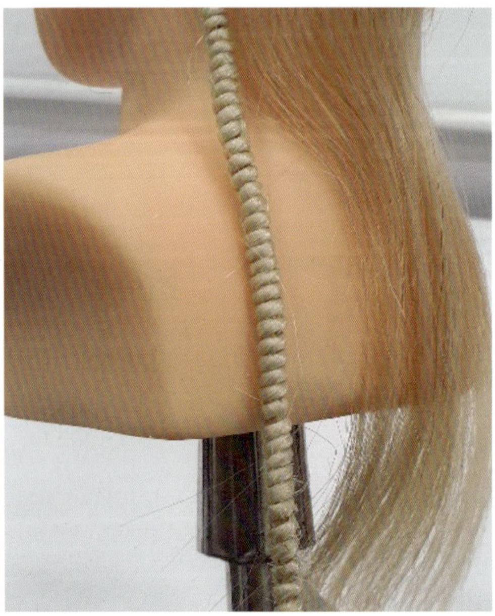 

1. 루비안 드레드 제작과정

① 2cm 내외의 섹션 위에 원사를 올려놓는다.

② 원사 3가닥과 모발 3가닥을 같이 잡고 왼손 검지로 밀착시키며 세가닥 땋기를 한다.

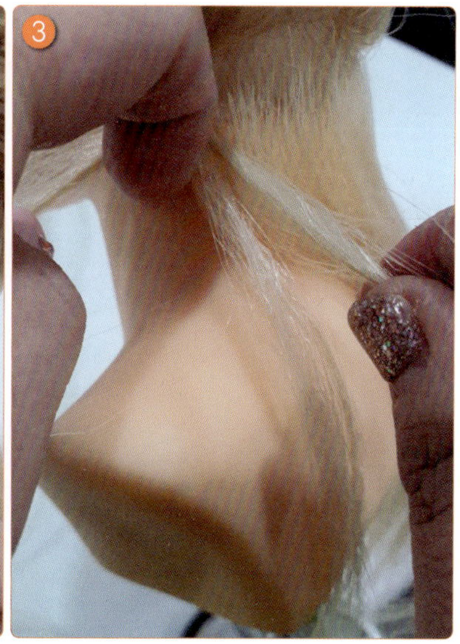

③ 오른손 검지로 두피에 밀착시키며 텐션감 있게 땋는다.

④ 끝이 풀리지 않도록 열로 마무리하고 길이를 자른다.

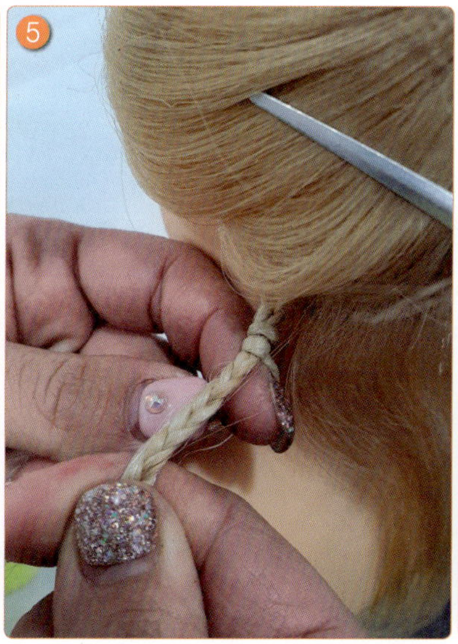

⑤ 소량의 원사를 떼어 시침질 세가닥으로 땋을 모발에 붙여 잡고 왼손의 모발은 시계 방향으로 꼬아준다.

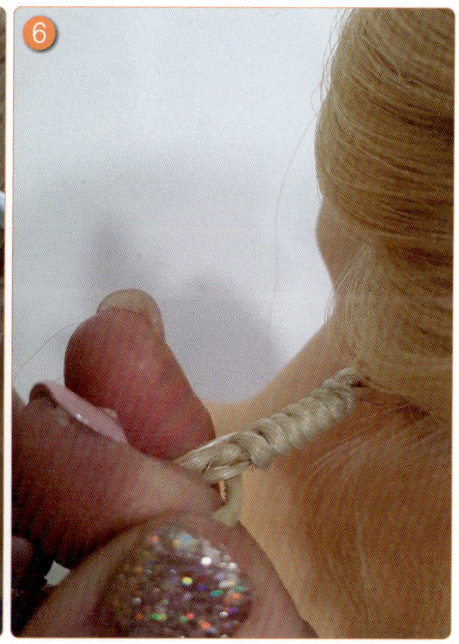

⑥ 왼손에 있던 모발은 꼬아서 모발 위로 돌린다. 왼손으로 땋은 모발을 잡고 남은 원사를 시계 방향으로 꼬아 감싸면서 돌린다.

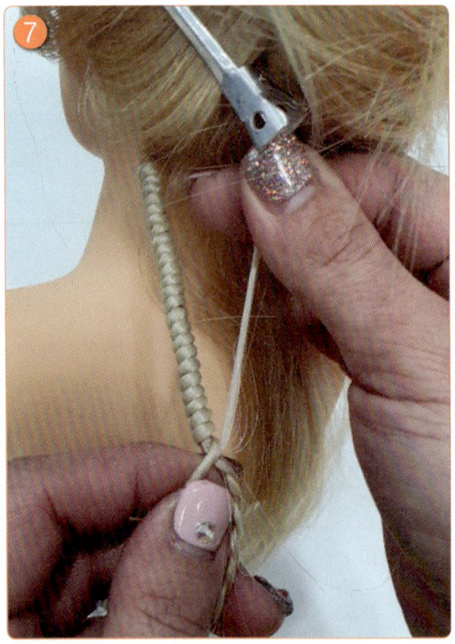

⑦ 소량의 원사를 밖으로 내어 올리고 나머지 원사는 꼬아서 시계 방향으로 한 바퀴 돌린다. 그 후 소량의 원사를 다시 땋은 부분에 합해준다.

⑧ 5cm마다 시침질을 해주면서 끝부분까지 텐션을 주며 감는다. 열로 녹이고 엄지·검지로 눌러서 고정한다.

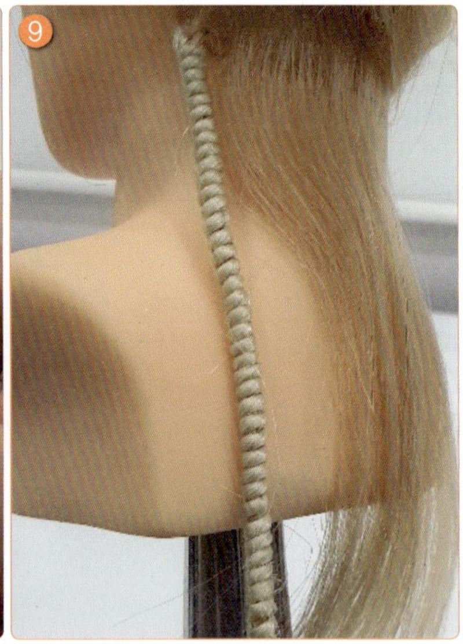

⑨ 루비안 드레드

<table>
<tr><th colspan="2">실습일지</th></tr>
<tr><td>제목</td><td></td></tr>
<tr><td>날짜</td><td></td></tr>
<tr><th colspan="2">과정이미지</th></tr>
<tr><td>검색사진</td><td>검색사진</td></tr>
<tr><td>인증사진</td><td>완성사진</td></tr>
</table>

실습과정		
설명		
실습과정		
설명		
실습과정		
설명		

11. 스틱 드레드

지식	1. 샴푸 시 두피를 심하게 문지르면 엉킴의 원인이 되므로 미지근한 물로 가볍게 샴푸하며 모발은 샴푸 거품을 만들어서 사용하는 방법을 알고 있다. 2. 샴푸 후 완전 건조시킨 다음 손바닥으로 비벼서 스타일링한다. 3. 뿌리에서 밀리지 않게 매듭하는 방법을 알고 있다. 유지기간: 3개월 이상
기술	1. 두피에 밀착하여 시술 할 수 있다. 2. 효율적 작업을 위해 사전에 아프로 펌을 할 수 있다. 3. 다이렉트 아이론을 사용하여 사전 작업을 할 수 있다. 4. 세 가닥의 꼬임이 같아야 하며 뿌리에서 밀리지 않게 매듭을 할 수 있다.
태도	1. 시술하기 전에 모발을 깨끗이 샴푸 후 건조시켜 작업을 시작한다. 2. 장시간 서비스에 신속하고 정확한 서비스를 할 수 있다. 3. 고객의 두피에 자극을 최소화하려는 자세를 갖는다. 4. 전체적인 균형과 구도를 이해하고 시술하는 태도를 갖는다.
주의 사항	1. 시술 시 옆 라인의 모발이 딸려오지 않도록 주의한다. 2. 시술 시 두피에 잘 밀착하여 들뜸이 없도록 주의한다. 3. 시술 시 두피 자극을 최소화 할 수 있도록 주의한다.
준비물	드레드 원사, 실고무줄, 가위, 꼬리빗, 라이터, 핀셋

1. 스틱 드레드 제작과정

① 긴 원사를 섹션 위에 올려놓는다.

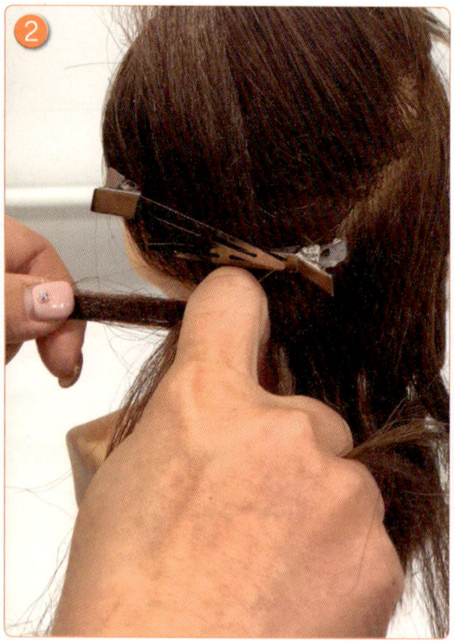

② 원사와 모발을 3가닥으로 나누어 잡고 오른손 검지로 두피에 밀착시키며 엮는다.

③ 왼손 검지로 두피에 밀착시키고 세가닥 땋기를 끝까지 땋는다.

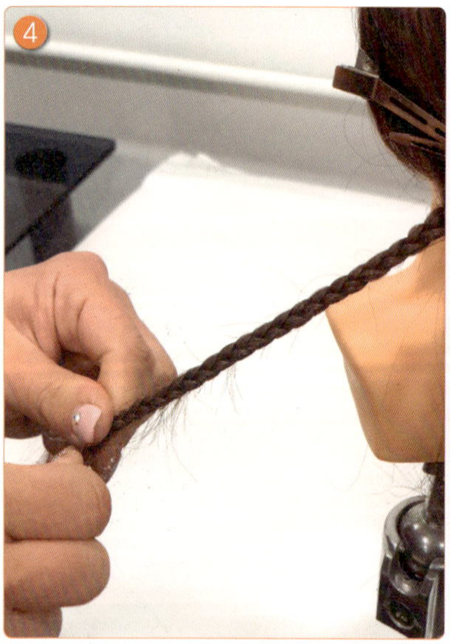

④ 풀리지 않도록 열로 마무리한 후 임시 고정한 모발을 내린다.

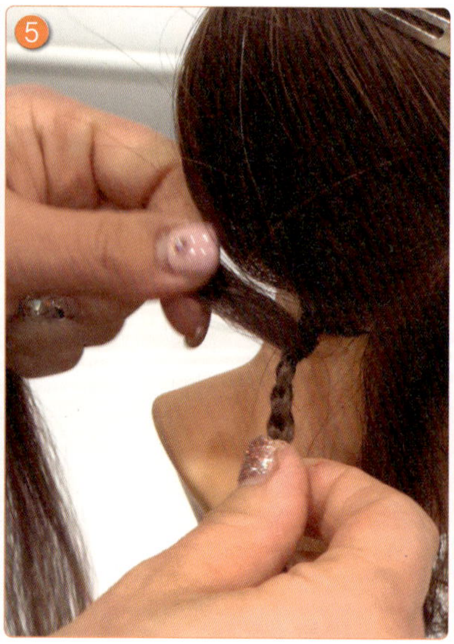

⑤ 소량의 원사를 떼어시침질 세가닥으로 땋은 모발에 붙여 잡고 왼손의 모발은 펼쳐서 한 바퀴 돌린다.

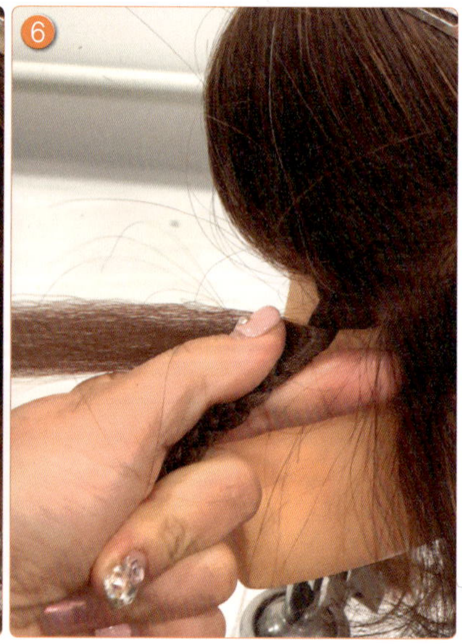

⑥ 소량의 원사를 내리고 나머지 원사는 펼쳐서 한 바퀴 돌린다.

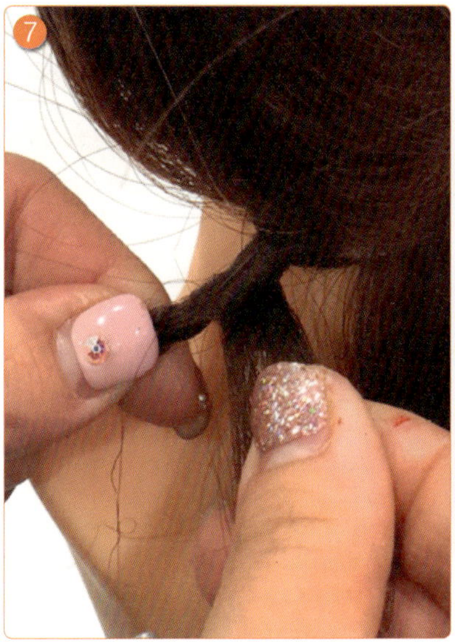

⑦ 왼손에 있던 모발은 펼쳐서 모발 위로 돌린다.

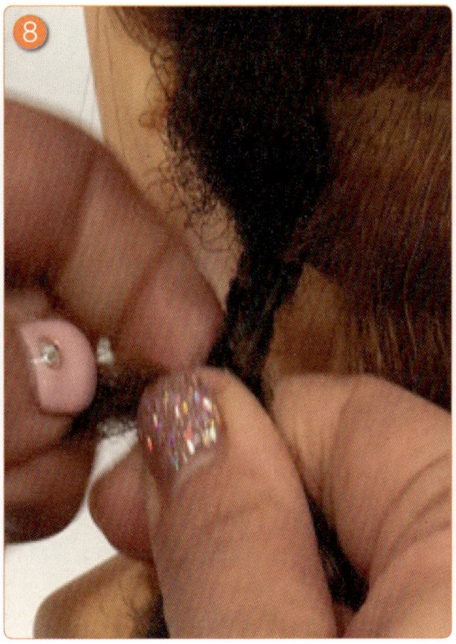

⑧ 땋은 모발을 잡고 남은 원사를 시계 방향으로 펼쳐서 세가닥을 감싸면서 돌린다.

⑨ 소량의 원사를 내리고 나머지 원사는 펼쳐서 시계 방향으로 한 바퀴 돌린다.

⑩ 5cm마다 시침질을 하면서 끝 부분까지 텐션을 주면서 감는다.

⑪ 열로 녹이고 엄지·검지로 눌러서 고정한다.

⑫ 스틱 드레드

<table>
<tr><th colspan="2">실습일지</th></tr>
<tr><td>제목</td><td></td></tr>
<tr><td>날짜</td><td></td></tr>
<tr><th colspan="2">과정이미지</th></tr>
<tr><td>검색사진</td><td>검색사진</td></tr>
<tr><td>인증사진</td><td>완성사진</td></tr>
</table>

실습과정		
설명		
실습과정		
설명		
실습과정		
설명		

12. 핀 펌

<table>
<tr><td>지식</td><td>1. 아프로 펌에 사용되는 철사 롯드 와인딩 방법을 알고 있다.
2. 와인딩 후 가온기 사용 시간과 자연방치 시간을 조절할 수 있다.
3. 철사를 편 후 롯드-오프 방법을 알고 있다.
4. 펌제 사용에 필요한 전·후 처리 방법을 알고 있다
5. 샴푸 후 둥글게 스타일링하는 방법을 알고 있다.</td></tr>
<tr><td>기술</td><td>1. 모발 상태에 맞는 전·후 처리 작업을 할 수 있다.
2. 모발에 맞는 치오글리콜산 펌제를 선정하여 적절히 사용할 수 있다.
3. 철사를 이용하여 꼬임과 균형이 맞도록 뿌리까지 트위스트 와인딩을 할 수 있다.
4. 가온기를 사용하여 열처리를 할 수 있다.
5. 완전 건조 후 촘촘한 빗으로 풀어주고 손으로 둥글게 스타일링 할 수 있다.</td></tr>
<tr><td>태도</td><td>1. 시술 시 철사로 스치거나 찌를 수 있으므로 안전사고에 주의한다.
2. 신속하고 정확한 서비스를 할 수 있다.
3. 고객의 불편을 수시로 확인하고 대처할 수 있다.
4. 고객의 두피에 자극을 최소화하려는 자세를 갖는다.
5. 펌제의 정량 사용으로 환경 오염과 자원 낭비를 최소화 할 수 있다.</td></tr>
<tr><td>주의 사항</td><td>1. 와인딩 시 고무 장갑이 철사로 스치거나 찌를 수 있으므로 안전사고에 주의한다.
2. 탈색, 염색, 펌 등으로 모발이 손상모인 경우 펌이 나오지 않을 수 있다.</td></tr>
<tr><td>준비물</td><td>꽃철사, 꼬리빗, 습지 앤드 페이퍼, 핀셋, 퍼머제 세트</td></tr>
<tr><td></td><td>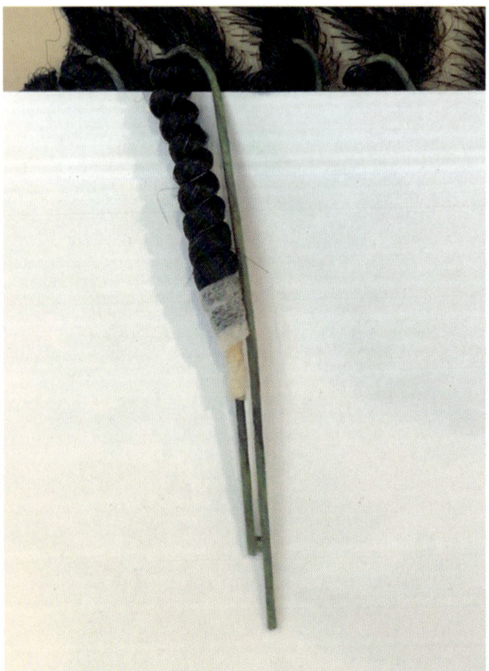 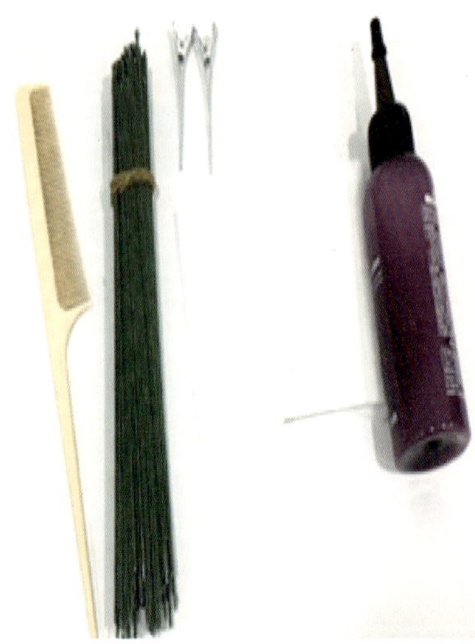</td></tr>
</table>

1. 핀 펌 제작과정

① 섹션을 잡아 시계 방향으로 꼬아 준다.

② 모발을 꼬아 준 후 습지로 모발 끝을 감싸고 철사에 와인딩한다.

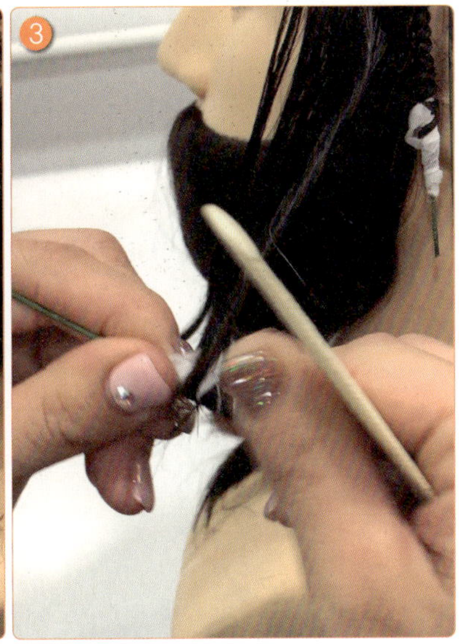

③ 철사를 모발 아래로 넣어 잡고 와인딩한다.

④ 꼬아진 모발과 습지를 같이 잡아서 모근까지 와인딩한다.

⑤ 모근까지 와인딩 후 철사를 구부려 준다.

⑥ 꼬임의 반대 방향으로 철사를 구부린다.

⑦ 꼬아진 상태에서 뿌리까지 와인딩을 계속한다.

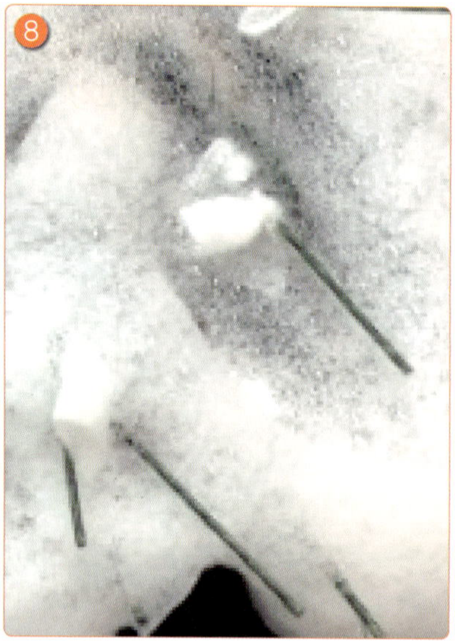

⑧ 치오 펌 1제 도포 후 열처리 30분, 자연방지 30분, 중화 20분 후 롯드 아웃한다.

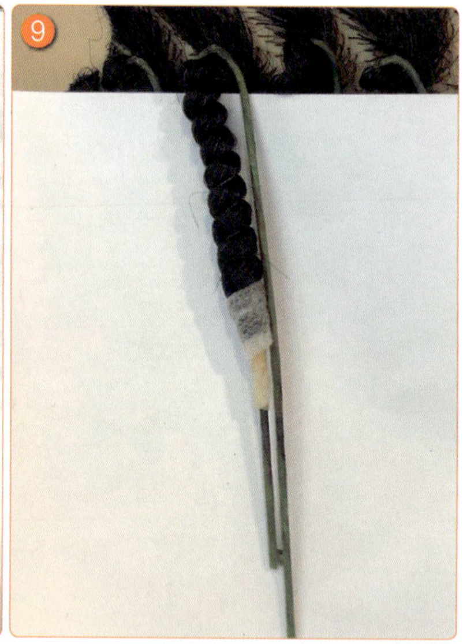

⑨ 와인딩 모습

<table>
<tr><th colspan="2">실습일지</th></tr>
<tr><td>제목</td><td></td></tr>
<tr><td>날짜</td><td></td></tr>
<tr><th colspan="2">과정이미지</th></tr>
<tr><td>검색사진</td><td>검색사진</td></tr>
<tr><td>인증사진</td><td>완성사진</td></tr>
</table>

실습과정		
설명		
실습과정		
설명		
실습과정		
설명		

13. 스프링 드레드

① 샴푸는 두피 위주로 한다. 풀려서 하는 펌이 아닌 뿌리가 자라나서 하는 펌이다.
② 샴푸 후 두피만 살짝 타올 드라이 후 자연 건조한다.
③ 곱슬기가 있는 머릿결은 컬링 제품을 사용한다.
④ 작고 강한 컬 느낌을 표현한다.
⑤ 늘어지거나 풀림 없이 오랜 기간 유지한다.
⑥ 스타일을 유지하고자 할 경우 일 년에 1~2회 정도가 적당하다.

14. 아프로 헤어 스타일

① 샴푸는 두피 위주로 한다.

② 샴푸 후 두피부터 드라이로 건조한다.

③ 빗을 사용해 둥글고 균일하게 컬을 펼쳐준다.

④ 아프로 헤어 전용 스펀지로 모발을 둥굴려 가며 스타일링 한다.

⑤ 컬의 풀림에 따라 기장 차이가 있을 경우 제품으로 스타일링 한다.

⑥ 아프로 스타일을 유지하고자 할 경우 일 년에 1~2회 정도의 기간이 적당하다.

15. 드레드 싱 만들기

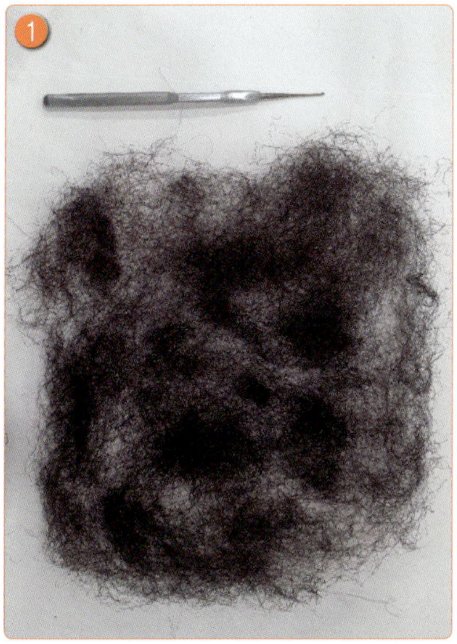

① 드레드 싱을 얇게 펴준다.

② 두께감이나 길이는 드레드 싱을 뜯어 추가하며 원하는 굵기로 할 수 있다.

③ 두께감이나 길이는 드레드 싱을 뜯어 추가하며 원하는 굵기로 할 수 있다..

④ 코바늘에 걸고 드레드싱 안으로 넣어준다..

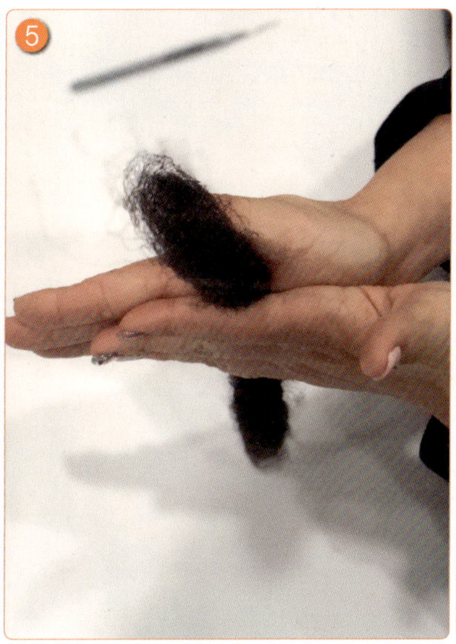

⑤ 드레드 싱을 원하는 굵기로 손바닥으로 비비면서 형태를 만든다.

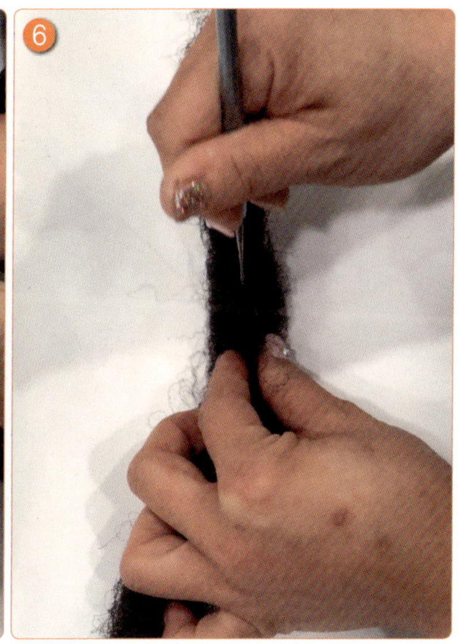

⑥ 한쪽 끝은 말아주고 다른 쪽은 4가닥으로 나누어 놓는다.

16. 소프트 드레드

지식	1. 샴푸 시 두피를 심하게 문지르면 엉킴의 원인이 되므로 미지근한 물로 가볍게 샴푸하며 모발은 샴푸 거품을 만들어서 사용한다. 2. 특수 헤어 전용 샴푸 후 완전 건조시킨 다음 손바닥으로 비벼서 스타일링한다. 3. 뿌리에서 밀리지 않게 매듭하는 방법을 알고 있다. 유지기간: 3개월 이상– 뿌리가 밀리면 반드시 보수를 받는다.
기술	1. 터지거나 느슨해지지 않도록 코바늘 시술을 촘촘하게 할 수 있다. 2. 효율적 작업을 위해 사전에 아프로 펌을 할 수 있다. 3. 다이렉트 아이론을 사용하여 사전 작업을 할 수 있다. 4. 드레드의 뿌리 부분을 촘촘하게 땋을 수 있다. 5. 고무실 매듭을 타이트하게 시술할 수 있다.
태도	1. 시술하기 전에 모발을 깨끗이 샴푸 후 건조시켜 작업을 시작한다. 2. 장시간 서비스에 신속하고 정확한 서비스를 할 수 있다. 3. 고객의 두피에 자극을 최소화하려는 자세를 갖는다. 4. 전체적인 균형과 구도를 이해하고 시술하는 태도를 갖는다.
주의 사항	1. 시술 시 옆 라인의 모발이 딸려오지 않도록 주의한다. 2. 시술 시 두피에 잘 밀착하여 들뜸이 없도록 주의한다. 3. 샴푸 후 두피 부분은 바싹 건조시켜야 한다.
준비물	드레드 싱, 이음 고무줄, 가위, 꼬리빗, 코바늘

1. 소프트 드레드 제작과정

① 아프로 펌을 풀어 놓는다.

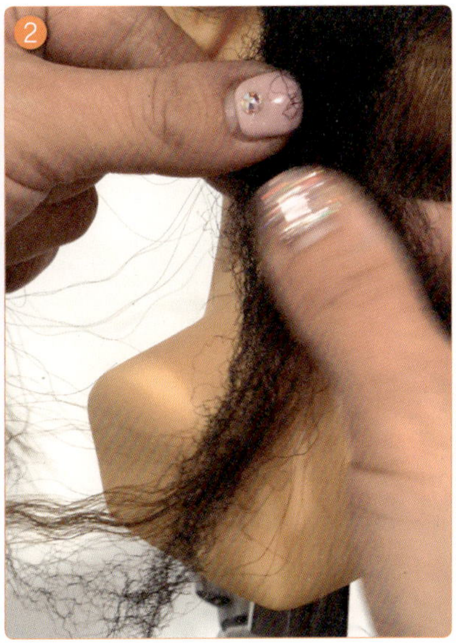

② 디자인 구상에 맞추어 섹션을 나누고 드레드 싱 베이스를 준비한다.

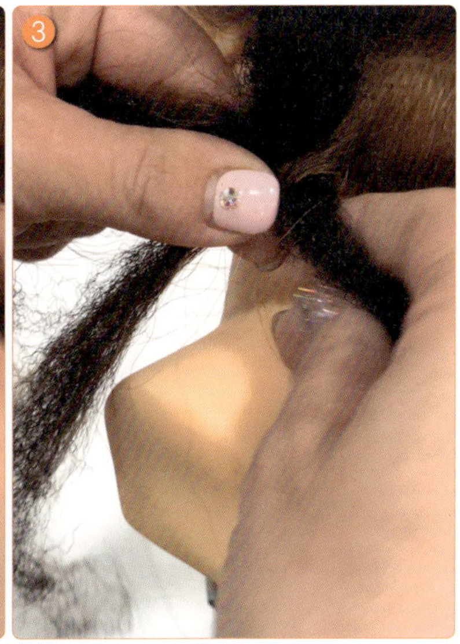

③ 섹션을 3가닥으로 나눈 위에 4가닥 드레드 싱 중 3가닥을 올린다.
스틱모양은 위쪽에 임시고정

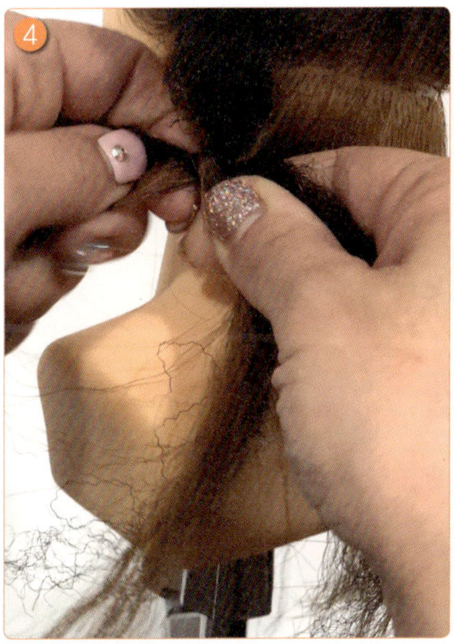

④ 모발과 싱 3가닥을 뿌리 부분이 쳐지지 않도록 두피에 밀착시켜 세가닥 땋기를 한다.

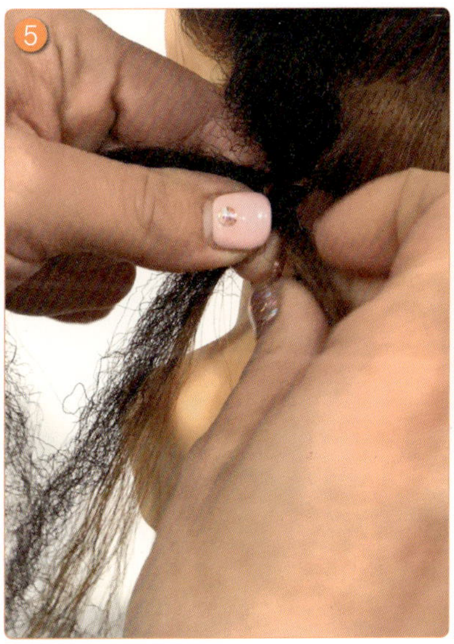

⑤ 4가닥 중 한가닥과 스틱 모양의 싱은 남겨놓고 세가닥 땋기를 한다.

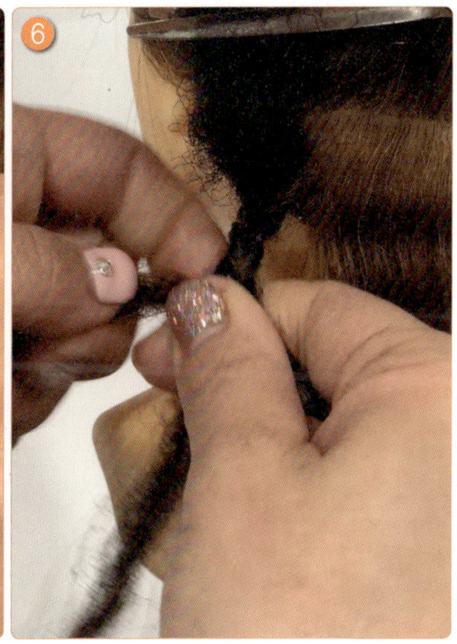

⑥ 땋기를 계속한다. 세가닥 땋기를 한 후 묶는다.

⑦ 세가닥 땋기를 한 후 묶는다.

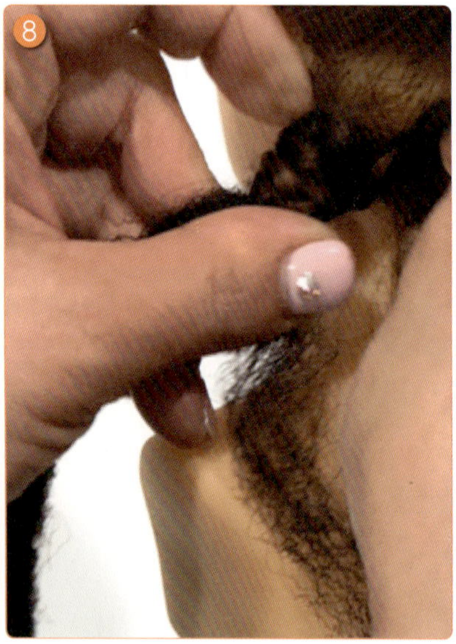

⑧ 적당한 텐션을 주면서 땋은 모발을 말아서 두피에 고정한다.

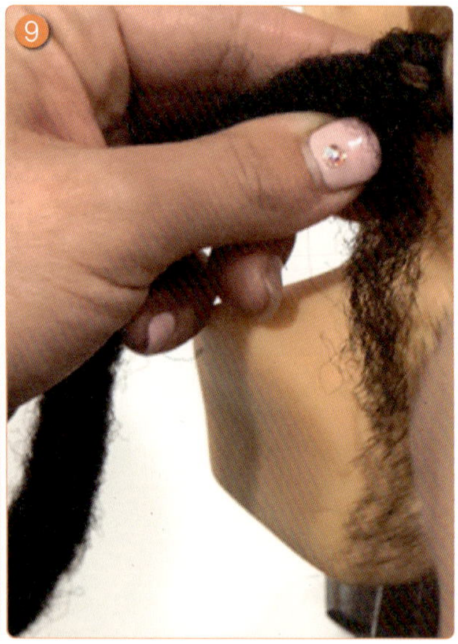

⑨ 위쪽에 임시 고정한 드레드 싱 베이스를 내려서 연결 부위를 감싼다.

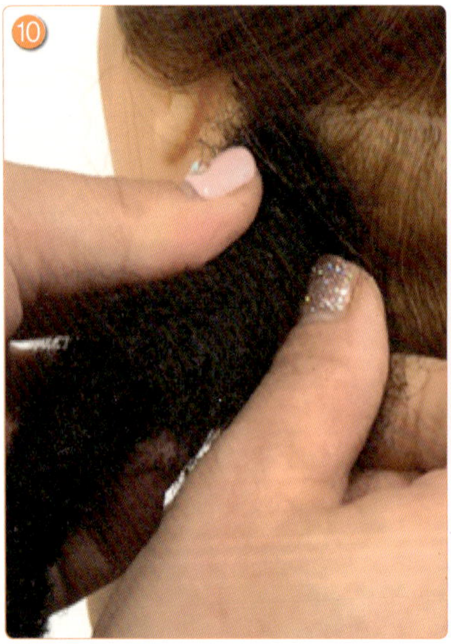

⑩ 연결 부분을 남겨놓은 한 가닥으로 균일하게 감싸주고 코바늘을 사용해 텐션없이 솎아준다.

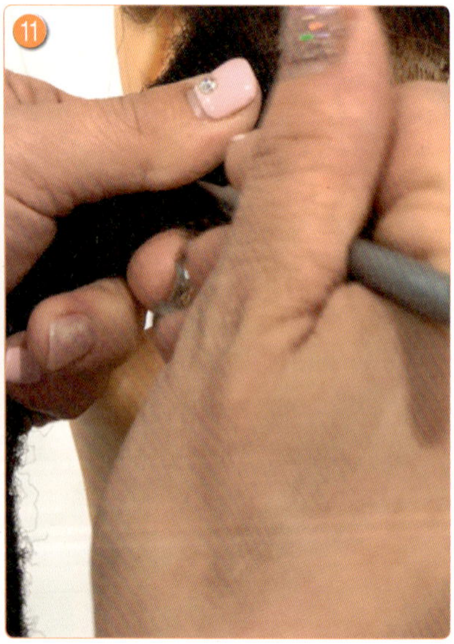

⑪ 코바늘로 모양을 잡아가며 연결성 있고 견고하게 고정한다.

⑫ 소프트 드레드

실습일지	
제목	
날짜	
과정이미지	
검색사진	검색사진
인증사진	완성사진

실습과정		
설명		
실습과정		
설명		
실습과정		
설명		

17. 콘로우 스케치

지식	1. 아프로 펌에 사용되는 철사 롯드 와인딩 방법을 알고 있다. 2. 와인딩 후 가온기 사용 시간과 자연방치 시간을 조절할 수 있다. 3. 철사를 편 후 롯드-오프 방법을 알고 있다. 4. 펌제 사용에 필요한 전·후 처리 방법을 알고 있다. 5. 샴푸 후 둥글게 스타일링하는 방법을 알고 있다.
기술	1. 모발 상태에 맞는 전·후 처리 작업을 할 수 있다. 2. 모발에 맞는 치오글리콜산 펌제를 선정하여 적절히 사용할 수 있다. 3. 철사를 이용하여 꼬임과 균형이 맞도록 뿌리까지 트위스트 와인딩을 할 수 있다. 4. 가온기를 사용하여 열처리를 할 수 있다. 5. 완전 건조 후 촘촘한 빗으로 풀어주고 손으로 둥글게 스타일링 할 수 있다.
태도	1. 시술 시 철사로 스치거나 찌를 수 있으므로 안전사고에 주의한다. 2. 신속하고 정확한 서비스를 할 수 있다. 3. 고객의 불편을 수시로 확인하고 대처할 수 있다. 4. 고객의 두피에 자극을 최소화하려는 자세를 갖는다. 5. 펌제의 정량 사용으로 환경 오염과 자원 낭비를 최소화 할 수 있다.
주의 사항	1. 와인딩 시 고무 장갑이 철사에 찔려 찢어지므로 유의한다. 2. 시술 도중 철사로 스치거나 찌를 수 있으므로 안전사고에 주의한다.
준비물	브레이드 이미지, A4 용지, 연필, 지우개
	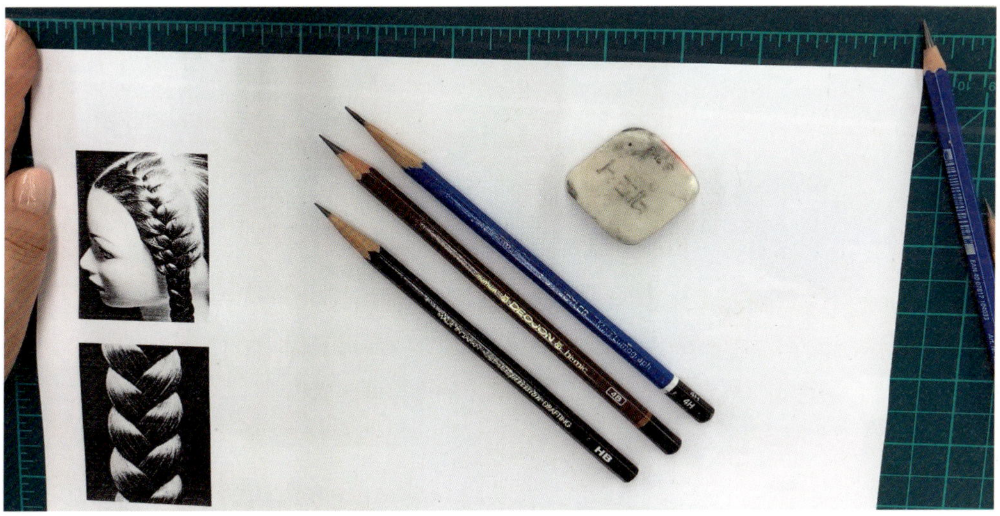

1. 오버브레이드

① 오버브레이드 기법을 사용하여 한쪽 끌어 땋기를 한 디자인

② 오버브레이드 형태

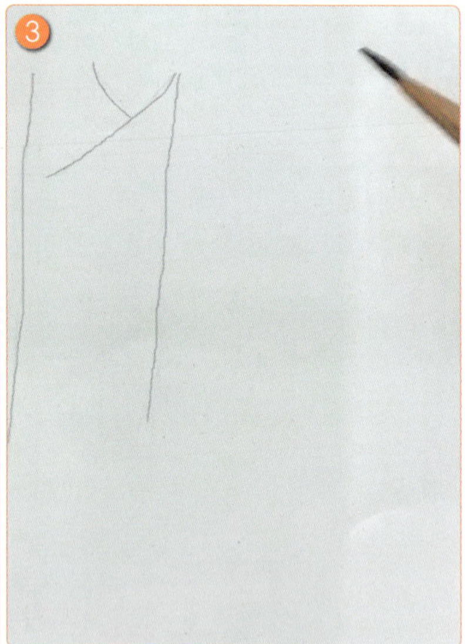

③ 오버브레이드를 스케치하기 위해 외곽선을 그려준 후에 사선으로 나눠준다.

④ 스케치용 연필 4H를 사용하여 부드럽게 윤곽을 잡아준다.

⑤ 스케치용 연필 4B를 사용하여 음영을 주어 입체감을 살린다.

⑥ 오버 브레이드의 형태를 완성한다.

2. 언더브레이드

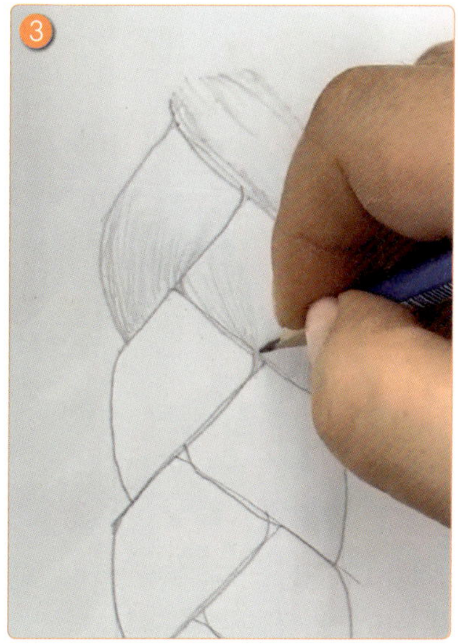

① 언더브레이드 기법을 사용하여 양쪽 끌어 땋기를 한 디자인

② 언더브레이드 형태

③ 스케치용 연필 4H를 사용하여 언더브레이드의 방향을 정해준다. 다음 음영을 주어 입체감을 살린다.

3. 트위스트

① 두가닥 트위스트 기법을 사용하여 한쪽 끌어 땋기를 한 디자인

② 두가닥 트위스트 형태

③ 스케치용 연필 4H를 사용하여 두가닥 트위스트의 방향을 정해준다. 다음 음영을 주어 입체감을 살린다.

4. 콘로우 헤어디자인

① 콘로우 된 헤어디자인

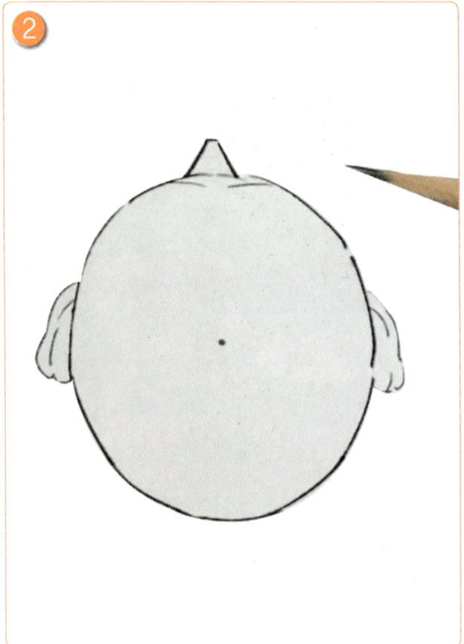

② 콘로우 헤어디자인을 하기 위해 두상을 선택한다.

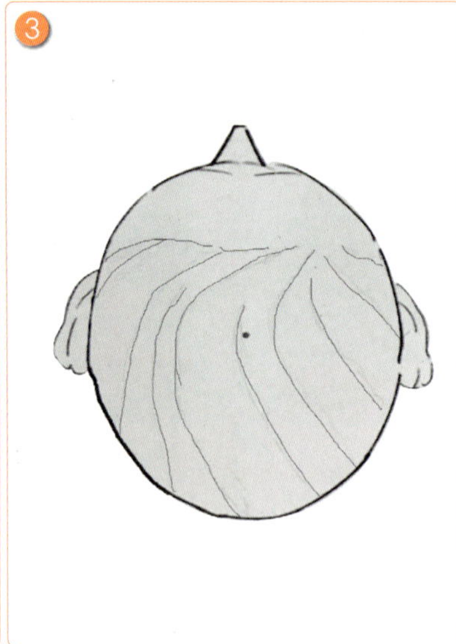

③ 콘로우 디자인에 따른 전체적으로 브레이드 된 부분을 구분한다.

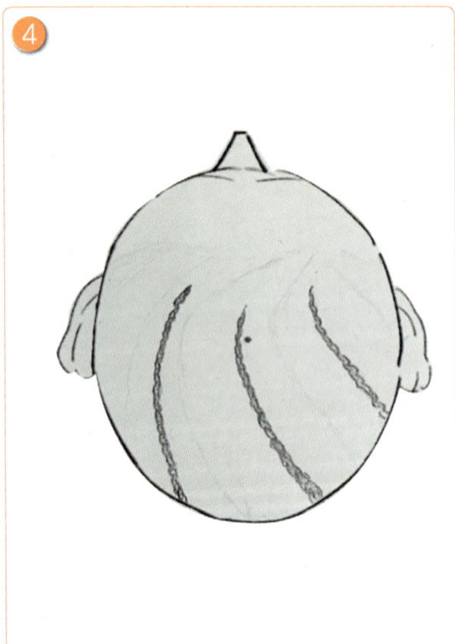

④ 가는 콘로우 브레이드를 스케치한다.

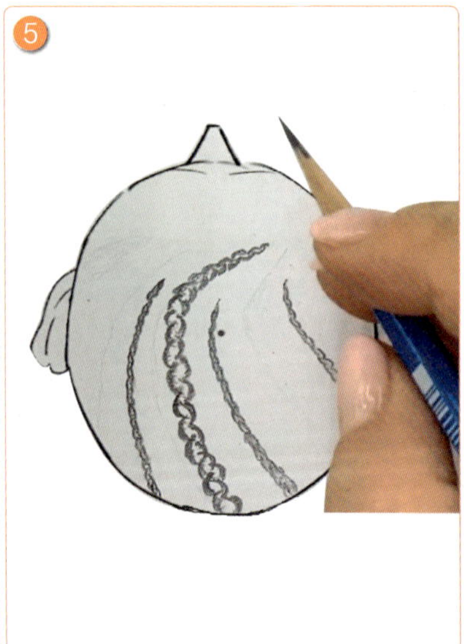

⑤ 굵은 콘로우 브레이드를 스케치한다.

⑥ 굵은 콘로우 브레이드 옆의 모발을 스케치한다.

⑦ 순차적으로 콘로우 브레이드를 스케치한다. 이때 브레이드의 형태는 언더브레이드의 형태로 표현한다.

⑧ 콘로우 디자인의 탑 부분의 모양을 완성한다.

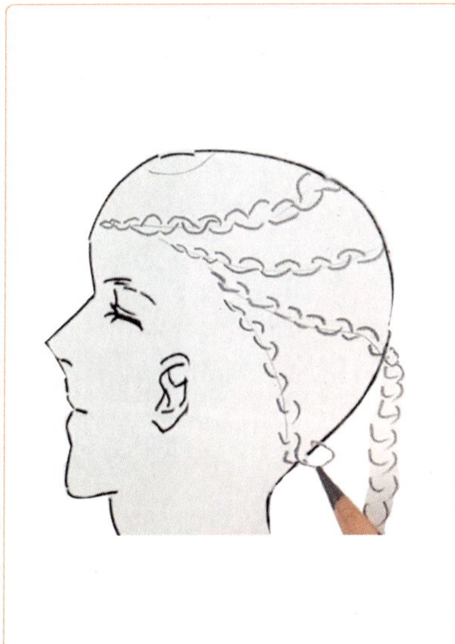

⑨ 사이드 얼굴 형태에 전체적인 흐름을 스케치한다.

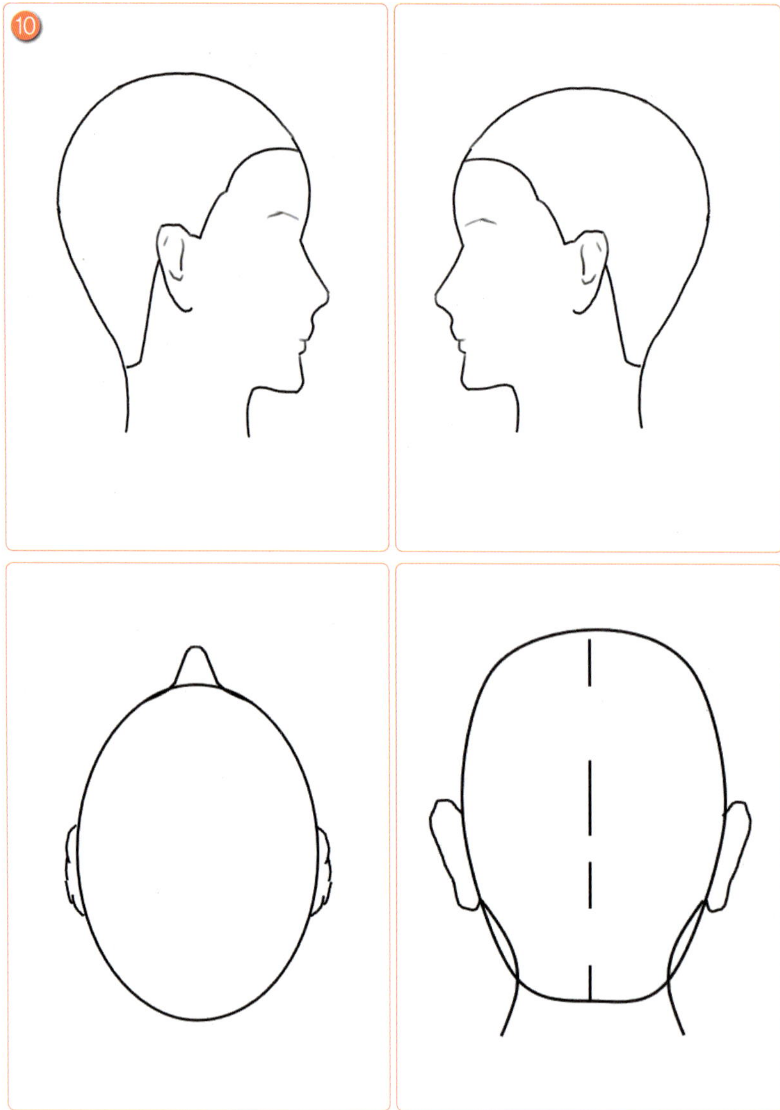

〈스케치에 활용 할 얼굴형태〉

실습일지	
제목	
날짜	
과정이미지	

실습일지	
제목	
날짜	
과정이미지	

실습일지	
제목	
날짜	
과정이미지	

실습일지	
제목	
날짜	
과정이미지	
콘로우 이미지 넣기	

13. 콘로우

지식	1. 콘로우 라인을 따라서 샴푸 거품으로 꾹꾹 누르듯이 하며 린스는 사용하지 않는다. 2. 비닐캡을 쓰고 수면을 취하면 잔머리가 덜 나올 수 있다. 3. 뿌리에서 밀리지 않게 매듭하는 방법을 알고 있다. 4. 건조 시 두피 중심으로 말리며 모발은 온풍, 냉풍을 교대로 위에서 아래 방향으로 건조한다. 5. 고객의 얼굴 라인에 맞는 콘로우 디자인 라인을 설정할 수 있다.
기술	1. 고객이 원하는 콘로우 라인을 얼굴 라인에 맞추어 시술할 수 있다. 2. 양 옆의 모발은 약지와 중지가 잡고 손목으로 땋아줄 수 있다. 3. 검지 손가락으로 0도를 유지하며 콘로우 라인의 방향을 만들어 줄 수 있다. 4. 두피에 밀착하여 시술할 수 있다. 5. 효율적 작업을 위해 사전에 아프로 펌을 하거나 다이렉트 아이론을 사용하여 사전 스타일링 작업을 할 수 있다.
태도	1. 시술하기 전에 모발을 깨끗이 샴푸 후 건조시켜 작업을 시작한다. 2. 신속하고 정확한 서비스를 할 수 있다. 3. 전체적인 균형과 구도를 이해하고 시술하는 태도를 갖는다. 4. 고객의 두피에 자극을 최소화하려는 자세를 갖는다.
주의 사항	1. 시술 시 옆 라인의 모발이 딸려오지 않도록 주의한다. 2. 시술 시 두피에 잘 밀착하여 들뜸이 없도록 주의한다. 3. 시술 시 두피 자극을 최소화 할 수 있도록 주의한다.
준비물	가위, 실고무줄, 핀셋, 꼬리빗
	 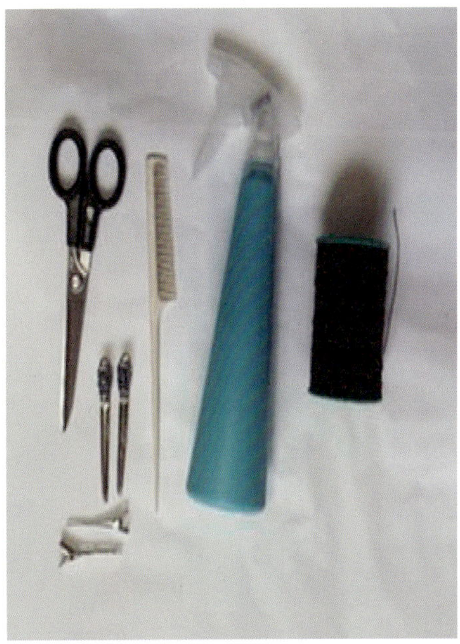

1. 콘로우 제작과정

① 구상된 디자인에 따라 9개의 블로킹으로 나눈다.

② 시작 부분의 패널을 세가닥으로 나누어 잡는다.

③ 세가닥을 검지·엄지와 약지·중지로 잡아준다.

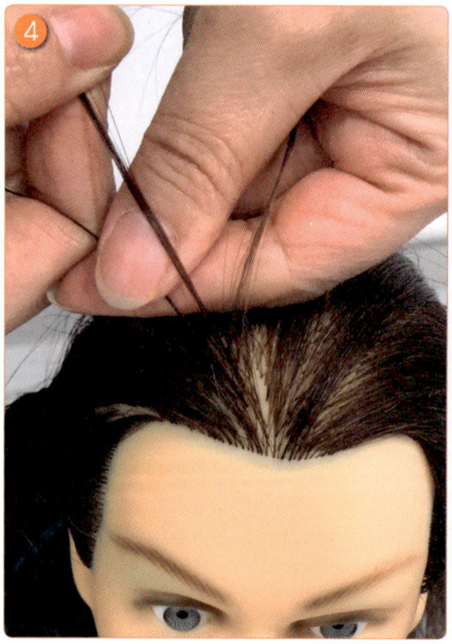

④ 검지 손가락으로 0도를 유지하며 콘로우 라인의 방향으로 모발을 교차시킨다.

⑤ 엄지를 넣어 검지 오른쪽 부분의 모발을 잡는다.

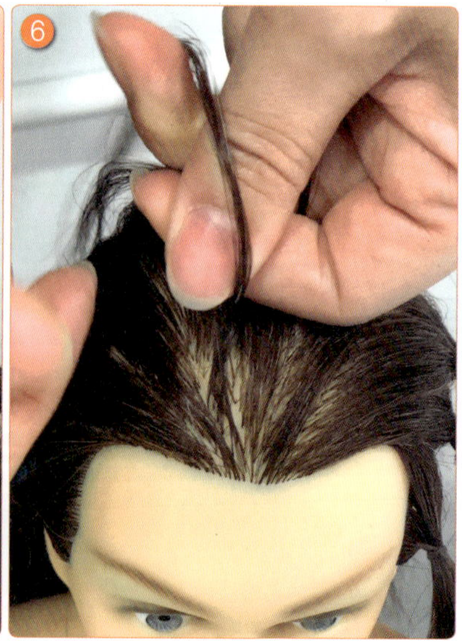

⑥ 검지·엄지로 잡은 모발은 오른쪽 옆으로 가지고 온다.

⑦ 좌측 모발을 가져와 오른손 엄지·검지가 잡고 있는 좌측 모발에 합친다.

⑧ 가운데 모발에 텐션을 주면서 당겨 땋는다. 모발이 두피쪽으로 붙도록 한다.

⑨ 왼손 엄지 아래쪽으로 텐션을 주며 4회 감은 후 2회 매듭한다.

<table>
<tr><th colspan="2">실습일지</th></tr>
<tr><td>제목</td><td></td></tr>
<tr><td>날짜</td><td></td></tr>
<tr><th colspan="2">과정이미지</th></tr>
<tr><td>검색사진</td><td>검색사진</td></tr>
<tr><td>인증사진</td><td>완성사진</td></tr>
</table>

실습과정		
설명		
실습과정		
설명		
실습과정		
설명		

참고 문헌

- 김경묵 외, "궁금해서 밤새 읽는 세계사", 청아출판사, 2016.
- 김민자 외, "패션디자이너와 패션 아이콘", 교문사, 2014.
- 김상훈, "통세계사1, 2", 다산에듀, 2011.
- 김창남 외, "대중문화의 이해", 한국방송통신대학교출판문화원, 2020.
- 내셔널지오그래픽 저 / 오은훈 역, "세계의 역사를 뒤바꾼 1000가지 사건", 한국물가정보, 2013.
- 미야자키 마사카츠 저 / 김진연 역, "처음부터 다시 읽는 친절한 세계사", 미래의 창, 2017.
- 민은기, "대중음악의 이해", 음악세계, 2020.
- 부츠란다이크, "처음 읽는 아프리카의 역사", 웅진씽크빅, 2016.
- 세계상, "특수머리실기 & 이론마스터 교본", 스페셜헤어아카데미, 2008.
- 송동훈, "세계사 지식향연", 김영사, 2016.
- 유종선, "미국사 다이제스트 100", 가람기획, 2015.
- 윤상욱, "아프리카에는 아프리카가 없다", 시공사, 2017.
- 장졸리 저 / 이진홍 성일권 역, "인류의 기원부터 현재까지 지도로 보는 아프리카 역사", 시대의 창, 2014.
- 정명선 외, "패션과 문화", 전남대학교출판부, 2012.
- 정유경, "왕은 어떻게 무너지는가", 시공사, 2017.
- 직헤디지 저 / 이동연 역, "하위문화 스타일의 의미", 현실문화연구, 1998.
- Audrey Sivasothy, "the sicence of black hair", saja puvlishing company, 2011.
- Ayana D. byrd and Lori L. Tharps, "Hair Story", St. martin's griffin books, 2014.
- Mireille Liong-A-Kong, "GOING NATURAL", Sabi Wiri Inc, 2004.
- NCS학습모듈_특수머리연출[LM1201010149_17v.4.2]

특수머리 Special Hair

1판 1쇄 인쇄 | 2022년 3월 5일
1판 1쇄 발행 | 2022년 3월 7일

지은이 | 이현진 · 하성현 · 김선혜 · 한민경
김대호 · 주지윤 · 진용미 · 정민화

발행인 | 주병오 · 주민기

발행처 | 메디시인

경기도 파주시 회동길 209 (파주출판도시)
대표전화 : 031-955-2777, 031-955-7577
팩스 : 031-955-7730
홈페이지 : www.ji-gu.co.kr
E-mail : jigupub@hanmail.net
등록번호 : 2005년 2월 16일
제 406-2005-000045호

ISBN 979-11-90839-52-5 값 30,000원